甜點立體造型 handmade soap 手工皂

小坂由貴子／著
張雅婷／譯

笛藤出版

咦！放在這裡的是甜點嗎？

不，這是手工皂喔。

超級可愛的甜點造型皂。

到了點心時間，

先用個可愛的香皂洗洗手吧。

用抹布搓揉出泡泡，

也可以用在廚房及清洗衣物。

媽媽為我挑選的天然素材
搓揉出溫和的泡泡。

泡泡不斷出現，柔軟蓬鬆。
洗澡時間也讓人開心地手舞足蹈。

生活裡充滿幽默感
和甜點造型香皂一起，享受每一天。

作皂之樂

香皂是我們日常生活中每天使用的東西。
自己動手做香皂的最大好處，
不就是在於能夠自由挑選安心的材料和根據個人喜好來調配嗎？
能將自己的心意融入手工皂裡，是一件很棒的事！
相信許多人也深有同感吧。

製作手工皂的過程，也充滿各式各樣的益處。
在尋找兼具護膚效果和色彩的素材時，也會逐漸加深對素材的認識，
自己動手做造型，讓人不自覺地喚起童心，並且療癒疲憊的心靈。
將製作完成的香皂放在浴室、廚房、庭院等地方，
日常生活中，可以隨處看見它們可愛、富有幽默感的表情。

本書將運用豐富的天然素材來製作甜點造型的香皂，
為了傳遞自己動手做造型的樂趣，只使用一種容易製作的基本配方，
而且，附圖詳細說明每個步驟，讓獨創技巧也變得淺顯易懂。

使用製作皂基的化學物質，需要遵守重要的注意事項，
若是事先清楚了解化學物質的特性，這項作業並不會太困難。
另外，跳過製作皂基的步驟，直接購買後再做造型，也是一種樂趣。

至今我教導過數百位的學生，
一邊回想著自己與每個人的交談以及他／她們的笑容，完成了這本書。
不管是第一次接觸手工皂，或者已經沉浸在手工皂的世界裡，
希望本書能夠帶給各位驚喜。
接下來，請各位用開闊的心製作香皂，以及享受手工皂帶來的精采生活吧。

小坂由貴子

〈本書的使用方法〉

＊各作品中的★標記，是指作業程序從開始製作到完成的複雜度。
當使用材料的種類變多，或是裝飾品增加，★的數目也會隨之增加。
＊開始製作之前，請務必事先閱讀p.29起的「甜點造型手工皂的基礎課程」。
這裡也記載了在各種配方中出現的黏土皂與CP皂(又稱冷製皂)的作法。
＊在本書製作的肥皂可以用於洗臉、潔身、洗頭髮、廚房清潔、洗衣服，作為各項清潔用途使用。但是，
由於個人體質不同，使用前請使用者本人先進行貼膚試驗(Patch Test)來檢查是否有皮膚過敏反應（參照p.52）。

！注意：參考本書製作而成的甜點造型手工皂，為了避免誤食請務必妥善保管。

CONTENTS.

甜點造型手工皂的基礎課程

PAGE.

糖霜餅乾 ★☆☆

在使用大量米糠做成的美白皂皂基上，用餅乾模具壓模成形，
搭配繽紛色彩的裝飾。在皂基上貼上圖樣、擠出糖霜般的造型，
關鍵在於如何讓糖霜充滿圓潤飽滿的質感。
（作法→*p.54～56*）

01 Icing Cookies

杯子蛋糕 ★★☆

蛋糕造型的難度不一，有從用花嘴擠出花朵的簡單作品，也有擠出奶油花再加上裝飾，甚至到製作玫瑰花的裝飾品再放上去等各式做法。杯子部分也可以隨意加上文字或花樣。

（作法→*p.57～59*）

02 DECORATION CUP CAKE

03 AMERICAN COOKIES

美式餅乾 ★☆☆

混合巧克力碎片或是杏仁果的美式軟餅乾，尺寸稍微大塊些。
凹凸的表面具有絕佳的起泡效果。
使用保濕的可可亞、去角質的香草粉和燕麥粉等，
讓肌膚享受不同配方帶來的多重呵護吧。
（作法→*p.60～61*）

04 DOUGHNUT

甜甜圈 ★☆☆

中間夾著鮮奶油，在甜甜圈表面淋上巧克力醬，
撒上銀色糖珠或七彩糖針，可依照個人喜好搭配不同裝飾。
（作法→*p.62*）

05 STRAWBERRY SHORT CAKE

草莓蛋糕 ★★☆

長條狀的草莓蛋糕是在海綿蛋糕中間夾草莓醬和奶油層，作法很簡單。
關鍵在於如何讓草莓的紅色和綠葉產生出對比。
可依照需要的份量切塊使用。
（作法→*p.64～65*）

06 ROLL CAKE

捲心蛋糕 ★★★

表面上包覆一層杏仁果碎片，再放上草莓和藍莓作裝飾。
透過海綿蛋糕與奶油的色彩組合，以及不同的裝飾品，
散發出高級感或季節感，可以嘗試多種風格的搭配。
（作法→*p.66～67*）

07 APPLE TART

蘋果塔 ★★★

使用大量米糠做成的塔皮，製作一個完整的蘋果塔造型皂。
塔皮裡填滿鮮奶油狀的內餡，
使用時容易搓揉出細緻綿密的泡泡。
（作法→*p.68～69*）

08 MINI FRUITS TART

迷你水果塔 ★★★

如果有多餘的水果造型皂，可以依照個人喜好，
放在一口大小的迷你黑可可粉皂和米糠皂的塔皮上做搭配。
最後再淋上MP皂液來呈現光澤感，逼真的水果塔就大功告成了。
（作法→*p.70*）

09 MACARON

馬卡龍 ★☆☆

作法輕鬆簡單，色彩繽紛又可愛。
要做出真假難辨的馬卡龍，關鍵在於蕾絲裙邊的部分。
而且大小和顏色容易調配，做一個屬於自己的馬卡龍吧！
（作法→*p.71*）

10 LOLLIPOP & SPIAL CANDY

棒棒糖&旋轉棒棒糖 ★☆☆

可愛的圓點圖案是用MP皂做成的，
如果有多餘的有色皂基，就可輕鬆做出。也適合當作小禮物喔！
（作法→*p.72～73*）

11 CRANBERRY PIE & PEAR PIE

蔓越莓派&洋梨派 ★★☆

作法輕鬆簡單，色彩繽紛又可愛。
要做出真假難辨的馬卡龍，關鍵在於蕾絲裙邊的部分。
而且大小和顏色容易調配，做一個屬於自己的馬卡龍吧！
（作法→*p.74～75*）

12 HOT CAKE

鬆餅 ★☆☆

將4片厚實綿密的鬆餅疊高後，再淋上MP皂液製成的糖漿。
2片堆疊或單片鬆餅也很可愛喲！
（作法→p.76～77）

松露巧克力 ★★☆

完整掌握3種不同的皂基種類，
利用可可粉、黑可可粉、咖啡粉來上色，
就能變化出各式各樣的巧克力造型喔。
（作法→*p.78～79*）

13 TRUFFLE CHOCOLATE

14 ICE CANDY

冰棒 ★☆☆

即使是單純的方形皂，淋上MP皂液再插上冰棒棍，
瞬間就變成可口的冰棒了。
（作法→*p.80*）

15 JELLY MOUSSE

果凍慕斯（櫻桃、奇異果、芒果）★★★

搭配優格慕斯與透明果凍來呈現。這款造型皂活用了MP皂的優點，
能在果凍內放入水果造型皂，或者使表面產生光澤。
（作法→*p.81*）

16 CHOCOLATE CAKE

巧克力格子蛋糕 ★★★

又被稱為聖賽巴斯蒂安*，裡面是棕白交錯的格子狀蛋糕。

製作一個完整的造型，享受切蛋糕的樂趣。

（作法→*p.82～83*）

*聖賽巴斯蒂安（San Sebastian）是位於西班牙北部巴斯克自治區，鄰近法國國境的小城市。
據說造訪此城市的一位法國廚師，看見當地美麗的石磚街道，以它為靈感製作出格子狀的蛋糕。

SPECIAL

17 DECORATION CAKE

造型蛋糕 ★★★

運用在製作其他甜點會派上用場的各種技巧，
打造出獨一無二的造型蛋糕吧！
（作法→*p.84～85*）

甜點造型手工皂的基礎課程

在製作本書的甜點造型手工皂之前，
首先要介紹基本的知識和作法。

關於製作手工皂所需的材料與道具，
對於甜點造型手工皂需要的3種不同皂基、上色方式、成型、裝飾，在此基礎課程中將一一進行解說。

製作各項作品的過程中，
若產生疑問或有在意之處，
請翻回這個基礎課程，再次確認。

開始製作甜點造型手工皂之前

*關於肥皂

在開始製作本書介紹的甜點造型手工皂之前，
先認識一下「肥皂」吧。這裡和大家分享肥皂的特徵和手工皂的魅力。

具有清除污垢的效果

在現代，一般是使用肥皂或合成清潔劑來清除污垢，
不過仍然可以善加活用自古以來流傳的「天然清潔劑」。
例如，煮麵水、蛋白、洋菜類的膠狀物質、洗米水、燙蔬菜的水、
米糠等天然界面活性劑、木灰、稻草灰、石灰等鹼性物質……
另外，包括水本身也具有去污效果。
肥皂是一種清除污垢的界面活性劑，具有讓水滲入到纖維、使油污在水中溶解，
以及形成泡沫等效果。以對環境與人體造成的影響來考量，已有實驗結果顯示，
與合成清潔劑相比，肥皂的毒性低，並且擁有經過悠久歷史驗證的高信賴度。

製作手工皂

可以在廚房簡單製作的作法，以及長年以來我個人經常使用的作法，
是使用「油脂皂化反應」（Saponification）。
在本書，黏土皂和CP皂（詳細說明請參照下頁以後的內容）
是利用皂化反應來製作肥皂，將鹼慢慢地倒入油脂或蠟進行混合後，
生成皂與甘油。尤其是在製皂的初期階段，材料的調配技巧相當重要，
油鹼混合之後，一旦生成皂，皂就扮演了乳化劑的角色，持續進行皂化反應。
手工皂除了保留保濕效果佳的甘油，
部分沒有成皂而殘留的油脂（不皂化物）等也具有良好的親膚性。

各式各樣的手工皂

在家裡的廚房，可以製作出固體皂、液體皂（洗髮精）、
半固體奶油狀的霜皂、果凍皂等各式各樣的手工皂。
不管是哪一種肥皂，均可依照個人喜好來選擇素材和配方。
鹼可分為氫氧化鈉和氫氧化鉀，將鹼和水混合後成為鹼液，
可以放入果汁、茶、花露水（Floral Water）、
牛奶、酒等液體裡面。在確保安全性的前提下，
可以多做不同的嘗試，找出最適合自己的黃金配方，
這也是一大樂趣喔。

＊關於本書製作的「甜點造型手工皂」

本書介紹的手工皂都是使用對肌膚友善的天然素材，
而且外觀看起來是可愛的甜點造型。
為了呈現出造型多采多姿的甜點，分別使用下列3種不同的皂基。

〈皂基的3種類〉

Type 1 黏土皂 KNEAD SOAP……詳細請參照 *p.32～39*

Knead是揉、捏的意思。
黏土狀的皂糰，光憑雙手就可以捏製出造型，這是最大的特徵。
皂糰的硬度可以用水量來做調整，
硬一點的質地可以做出複雜的裝飾品，軟一點的就像鮮奶油般的質地，
可以用花嘴擠出奶油花。
主要材料有油、純水、氫氧化鈉。油的種類可依據個人喜好或使用感覺來變換（參照*p.50～51*），純水可用花露水或茶來替代（參照*p.42～44*），皂糰也可以做顏色變化或添加香氣（參照*p.45*）。

Type 2 CP皂 COLD PROCESS SOAP……詳細請參照 *p.40*

CP是cold process的省略，CP皂又稱冷製皂。
將黏糊狀的皂液倒入模具等候凝固。
像巧克力等甜點造型，就是直接利用模具的形狀來製作底座。
另外，若是將皂液倒入蛋糕模，做大一點的香皂底座，
外表裝飾一些造型圖案，就可以享受切蛋糕的樂趣。
CP皂的優點就在於可以活用製作甜點的模具來成型。
將皂液倒入圓形蛋糕模、長方形蛋糕模、不鏽鋼方盤等容器裡，凝固後
形成一大塊的皂基，可以使用模具壓模成型。
主要材料有油、純水、氫氧化鈉。
油的種類可依據個人喜好或者依使用感覺來變換（參照*p.50～51*），純水可用花露水或茶來替代，皂糰也可以做顏色上的變化（參照*p.42～44*）或添加香氣（參照*p.45*）。

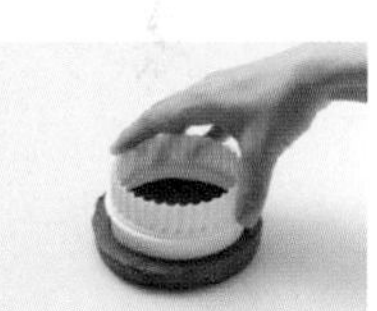

Type 3 MP皂 MELT & POURS SOAP……詳細請參照 *p.41*

MP是melt（溶化）&pour（倒入）的省略，MP皂又稱熱融皂。
在專賣店可以購買無色透明、白色、有顏色的皂基，將之加熱融解後，
加入一些材料並倒入模具冷卻定型。
本書也介紹了澆淋到其他皂基上或是做裝飾圖案的使用方式。
具透明感的MP皂，可以輕鬆製作出像果凍或糖漿等造型，
也很適合做出水果外觀的亮澤效果。
MP皂能夠上色（*p.42～44*）或添加香氣（*p.45*），
不管熱融幾次都能夠凝固，即使失敗了，也可以不斷地嘗試喔！

Type 1 KNEAD SOAP

黏土皂

本書製作的甜點造型手工皂是一個新的領域，
黏土皂是裡面使用頻率最高的皂基。
使用時，肌膚觸感柔滑，
可以自由地呈現出多采多姿的變化，令人驚奇。
在這裡，事先說明黏土皂的特性、基本材料和作法。

特徵和魅力

黏土皂（knead soap）就是可以捏、揉的肥皂，顧名思義，可以想像皂基的狀態就像黏土一樣可以自由揉捏成型。

過去製作手工皂的主流是將皂液倒入模具，或是做成圓形。相較之下，黏土皂的最大特性就是成型的自由度高。黏土皂可以透過不同的含水量，輕易改變質地的柔軟度，不管是鮮奶油或者是表面凹凸不平整的餅乾、0.1mm細薄的花蕊等，可以製作出豐富多樣的甜點造型、裝飾品，大幅提升手工皂的表現能力。

而且，在創作過程中能夠獲得心理層面的療癒，也是一大優點。手工藝、可愛的東西、美的東西可以帶給我們心靈上的愉悅感。

另外，上色、添加香氣和有效成分的時機點也是特性之一。過去的手工皂，因為是加入強鹼狀態的皂液，可能會導致添加物變色或變質、產生意料之外的化學變化，但弱鹼性的黏土皂則減輕了這些疑慮。

材料和作法

基本材料是油脂、水分、鹼（氫氧化鈉），是從很久以前開始製作肥皂所需的基本材料。將氫氧化鈉溶於水之後的鹼液倒入油脂類混合，產生化學反應，可以製作出皂液。容器裡的皂液要熟成到可以安全使用的pH值，一旦達到安全的pH值，即可將黏土皂的質地揉捏成方便使用的硬度。（若是不揉捏，直接讓皂液乾燥、熟成的話，就是CP皂（*p.40*）了。）

本書介紹的甜點造型手工皂配方，將油脂、純水、氫氧化鈉所調配成的皂液視為統一配方，但若變換油脂或水分的種類，或是添加不同的素材，皂基在使用上的觸感也會改變。

黏土皂的缺點

多次揉捏過後的黏土皂，或添加水分後呈現鮮奶油狀的黏土皂（*p.39*），優點為素面的質地使其較不會出現塊狀物。但同時也因為含有很多空氣，即使是完全乾燥之後，黏土皂的硬度也不會變得結實。

而即使在乾燥後也很容易起泡，但要特別注意因為含有很多空氣，所以需要正確保管以免發生氧化作用。

購入黏土皂，輕鬆動手做！

從準備材料到製作黏土皂的作法，將於下頁開始介紹。
但是氫氧化鈉屬於刺激性化學品，對於想要避免使用，以及想要親子同樂製作甜點造型手工皂，
或是想要先輕鬆體驗看看的人，請謹慎使用。

基本材料

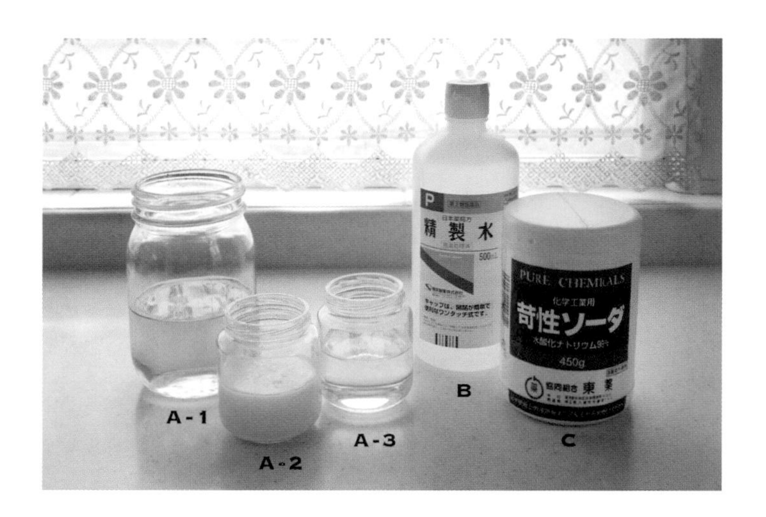

A 調和油

A-1 米糠油
A-2 棕櫚油
A-3 椰子油

國產米糠油可以讓香皂洗起來有綿密感，椰子油能夠提升起泡度，棕櫚油則有助於增加硬度，將這三者適當地調和，該配方也兼具適合製成黏土皂的良好延展性。另外，也可以使用其他各式各樣的油脂類（詳細請參照p.50～51）。

B 純水

溶解氫氧化鈉的基本用水。本書使用不含任何雜質的純水，但是為了結合顏色、香氣、肌膚保養等目的，也可以利用抽取液、牛奶、花露水（Floral Water）、果汁、酒等液體。但是，不適合使用屬於硬水的礦泉水。另外，溫水、酒精成分不易揮發的酒類，會與氫氧化鈉產生強烈反應，有突沸的危險，請遵守正確的使用方法。

C 氫氧化鈉

與氫氧化鉀相同。會與油脂產生化學反應。因為是劇藥，關於購買、使用、保管，請個別遵守法律上的規定事項，並且正確使用。
關於使用氫氧化鈉的注意事項，除了下列內容之外，請仔細閱讀產品隨附的說明書。

何謂氫氧化鈉

氫氧化鈉是將鹽電解後得到的強鹼性劇藥。
在我們生活周遭，利用脫脂效果作為排水管的清潔劑來使用。
氫氧化鈉，通常呈現白色顆粒狀或片狀，放入塑膠容器裡或袋子內的狀態來販售。

●保存方式

氫氧化鈉密封後放置於陰暗處保存，且置於幼童不易取得之處。

●氫氧化鈉的處理方式

＊在計量錯誤或是溢滿出來等微量的情況下，可以稀釋到5%以下的濃度，再倒入排水口。

●注意事項

＊氫氧化鈉一旦含有水分，就會腐蝕蛋白質。若是沾附在肌膚上過了一會兒，就會產生刺痛感，而且表面會覺得濕黏，引起化學反應而燙傷。因此，在使用時必須小心謹慎，避免直接碰觸到皮膚，請戴上手套、護目鏡，或是穿圍裙來保護身體。
＊將氫氧化鈉與純水混合時，會產生刺激性的蒸氣。請注意要換氣，避免吸入。
＊使用前，請先提一桶水備用。使用過程中，為了安全起見，將直接碰觸到氫氧化鈉的湯匙或容器放入水裡稀釋濃度。以免擱置一旁，可能一不小心用手直接觸摸，而發生危險。
＊若沾附到皮膚上，請用大量的清水來沖洗。若出現肌膚異常，請接受醫師的治療。萬一發生誤飲的情況，請喝牛奶或水來稀釋氫氧化鈉的濃度，並且送醫就診。如果要中和的話，可以喝醋或是進行催吐。

所需道具

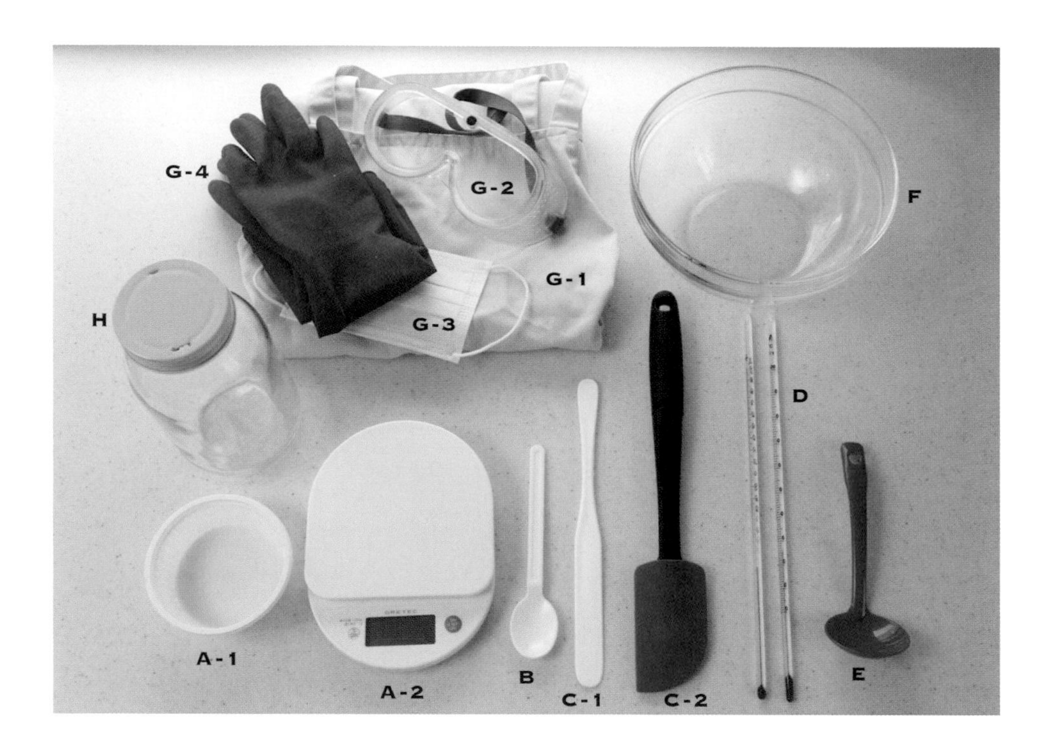

A-1　淺盤
A-2　電子秤

因為材料需要以1g為單位精細測量，因此使用電子秤。多準備幾個放材料用的小淺盤比較方便。

B　湯匙

用來舀取氫氧化鈉。

C-1　攪拌棒
C-2　橡膠刮刀

在玻璃瓶中調製氫氧化鈉水溶液時，用攪拌棒攪勻。在缽盆將氫氧化鈉水溶液與油脂類混合時，則使用橡膠刮刀。

使用的道具應該選擇耐熱、耐鹼、耐油的材質。木製或漆器、鋁、鐵、銅製的材質並不適合。

D　溫度計

測量氫氧化鈉水溶液與油脂類的溫度。準備兩支0～200℃的溫度計比較方便。

E　杓子

將皂液舀入模具時使用。

F　缽盆

混合材料時使用。可以放在電磁爐上或是適合湯煎（可在鍋內隔水加熱的容器），耐熱度100℃以上的缽盆。選用玻璃製或琺瑯質等耐鹼性的材質。具有一定的深度，以及穩定度足夠的底部是最適合的。

G-1　圍裙
G-2　護目鏡
G-2　口罩
G-2　手套

使用氫氧化鈉之際，為了保護眼睛、肌膚、鼻子和喉嚨的黏膜，務必要戴上這些道具。

H　附蓋玻璃瓶

為了調製氫氧化鈉水溶液，符合以下條件的容器是最好的。

- ●耐鹼性
- ●耐熱性（100℃以上）
- ●看得見裡面的透明瓶
- ●單手可拿，不會滑落的形狀（最好是有手把的）
- ●連最後一滴也容易倒出的廣口瓶
- ●倒入使用份量後，仍有餘裕空間的大容量玻璃瓶

請在附蓋玻璃罐的蓋子上預先開2個孔。以利氫氧化鈉水溶液可少量慢慢注入油類。使用前請先以水試注，沒問題後再正式進行。

皂基的作法

Sample

材料

米糠油……180g
椰子油……75g
棕櫚油……45g
氫氧化鈉……39g
純水……100g

完成份量……大約300g ＋α（水量）
＊根據含水量的不同，重量多少會產生差異。

1 測量固態椰子油和棕櫚油的份量，放到微波爐或在鍋內隔水加熱溶解。

隨著保存溫度的變化，可能會變成固態，因此請先溶解後再使用。另外，微波爐因為不同機種會產生差異，所以加熱時請不要將視線移開，觀察溶解狀況，再啟動數秒。在油脂全部溶解之前取出，殘留的固態就用橡膠刮刀來攪拌混合，使其全部溶解。

2 用微波爐將液態的米糠油加熱。

之後倒入的液態油脂在溫度上也要與步驟1相配合。

3 將2倒入1攪拌，使其均勻混合。

4 測量氫氧化鈉的份量。

為了因應不小心打翻等意外情況，使用氫氧化鈉（氫氧化鈉水溶液）時，請在隨時可以沖水清洗的流理槽裡面進行。並且在一旁準備一桶水，接觸到氫氧化鈉的道具在使用完畢後，可以直接放入水裡。

！ 注意

氫氧化鈉一旦接觸到空氣，吸收空氣中的水分，表面會呈現潮濕狀態，帶些光澤。這個狀態的氫氧化鈉已經開始產生物理反應「潮解」，不要再放回保存容器！可以把潮解狀態的氫氧化鈉倒入純水溶解使用。

5 先將純水倒入玻璃瓶後，再加入4的氫氧化鈉。

使用純水之前，先放入冰箱冷藏的話，就能夠有效避免混合時溫度急遽上升或是氣體噴發。要注意，請勿將純水直接倒入氫氧化鈉！因為劇烈的放熱反應會產生危險。

6 用攪拌棒輕輕攪拌混合，直到氫氧化鈉完全溶解。

！注意

氫氧化鈉水溶液溫度升高（使用常溫水的話，大約是70～100℃），會冒出具刺激臭味的氣體，請注意不要吸入。

7 將氫氧化鈉水溶液的玻璃瓶浸入水中，讓溫度降到40℃。

冬天的話，製作過程中溫度容易下降，化學反應也會變得遲緩，所以改為降溫到50℃即可。

8 也將步驟3調和油的溫度降到40℃。

混合氫氧化鈉水溶液與油脂時，為了能夠均勻攪拌到使其不易分離的狀態，兩者的溫度需要相配合。
＊冬天時，配合步驟7調整為50℃。

9 將氫氧化鈉水溶液緩緩倒入油脂內，同時用橡膠刮刀均勻攪拌。

為了讓純水與油類不易分離，當氫氧化鈉水溶液與油脂倒入混合後，要持續仔細攪拌10分鐘左右，使其均勻混合。

10 進行皂化反應，透明感逐漸消失。

溫度高就會加速皂化反應的進行。因此夏天容易產生皂化反應。攪拌時，要注意到缽盆的側面與底部的部份也要翻攪，讓整體皂液均勻融合，直到沒有塊狀物。

11 攪拌至黏稠狀態，滴落時會留下痕跡般的黏稠度。

當橡膠刮刀舀起的皂液滴落時，表面會留下畫線般的痕跡（trace），呈現不會立刻消失的黏稠狀態，這表示皂化反應已經達到水和油脂類融為一體的階段。此時可以停止攪拌，暫時放置一旁。

12 大致檢查液體滴落的痕跡，判斷入模時機。

皂液變成卡士達醬般的顏色，出現粗線條的痕跡（trace）。用橡膠刮刀舀起再滴落時，滴落的痕跡也不會消失，像奶油質地般的黏稠度。

13 倒入模具裡。

推薦使用容易取出的矽膠模或是底部容易剝離的模具。

14 把報紙鋪在紙箱裡，再放入裝有皂液的模具，進入熟成期。大約需要一個禮拜。

盡量隔絕空氣流動，維持一定程度的保溫效果很重要。冬天氣溫下降，皂化反應也會變得遲緩，要特別注意。

15 皂液凝固後，進行脫模，裝入塑膠袋內，放置兩個禮拜，等待熟成。

避免水分過度揮發，要用塑膠袋裝著，直到熟成為弱鹼性的皂基。

16 為了確認熟成度（檢查pH值），切塊。

從盡量沒有接觸到空氣的內側（中心）切塊。

17 確認熟成度。

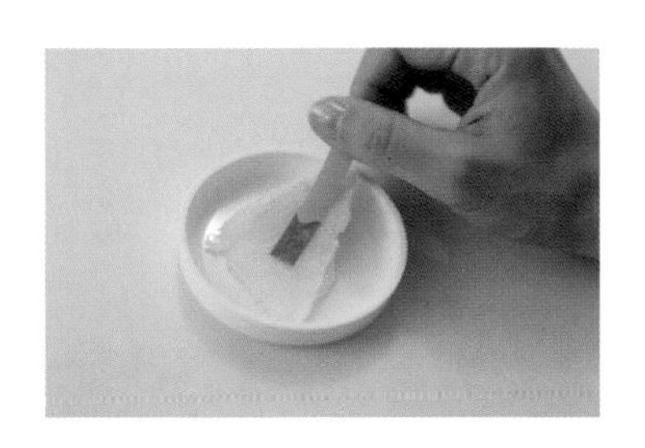

確認氫氧化鈉與油脂類是否進行化學反應（皂化），成為弱鹼性的皂基。在這裡，pH值若是適當數值，就進入到步驟**18**。如果還沒達到適當的pH值，就再等待數日，在保溫狀態下繼續熟成。

! 確認熟成度的方法

1. 準備pH試紙，建議檢測範圍為pH1～11。
2. 切一小塊皂基放在小器皿上，用純水充分淋濕皂塊。
3. 再用水彩筆反覆塗刷，使皂基溶解。
4. 將紙裁剪成4～5cm放在步驟**3**，等待顏色改變。
   在自然光的情況下 比照顏色對照表，判定pH值。

18 揉捏皂塊，即可完成黏土皂的皂基。

pH值確認完畢後，揉捏皂塊至容易製作造型的柔軟度。

19 不斷揉捏，直到沒有塊狀物，製作出平滑的皂糰。

若有硬塊的部分，就用手指壓平，使皂糰質地能夠均勻平滑。

→揉捏成想要的硬度吧（請參照*p.38～39*）

黏土皂的保存方式

為了避免柔軟的黏土皂變得乾燥，用塑膠袋裝入皂基，放在陰暗處保存。不用真空包裝密封也OK。

黏土皂的3種硬度

本書的甜點造型手工皂使用的黏土皂主要區分為3種硬度，
這裡將介紹像黏土一樣容易成形的「軟皂」、適合細緻加工成形的「硬皂」、
可以用來擠花的「鮮奶油皂」的作法，即使是這3種不同的硬度，
自由搭配後表現方式也能非常多樣。

硬皂 ⇆ 軟皂 ⇆ 鮮奶油皂

→…增加水量　←…減少水量
水量的多寡會影響到皂糰質地的硬度。基本上是添加純水，但若為敏感肌膚者，可以使用乙醇或是伏特加代替。優點是具有殺菌效果、乾燥速度快。如果要增加硬度，可以添加玉米粉或是礦物泥等，不傷肌膚又具吸水效果的成分。

用黏土皂做造型之前

若是在意皂糰裡的結塊，
使用濾網過篩，
質地就會變得細緻柔軟了。

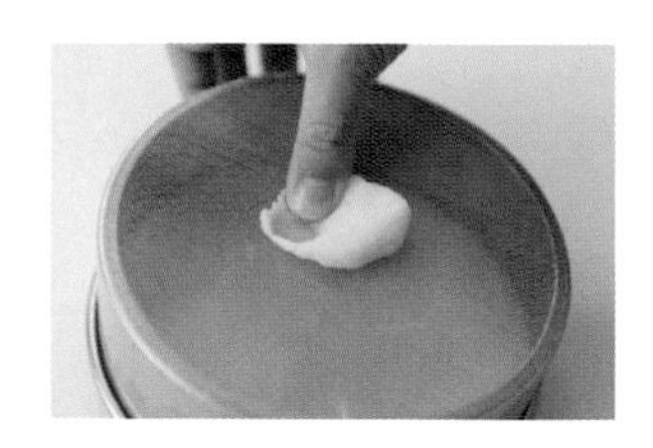

1 將要使用的份量用放在濾網上，用手指按壓，把結塊壓平過篩。

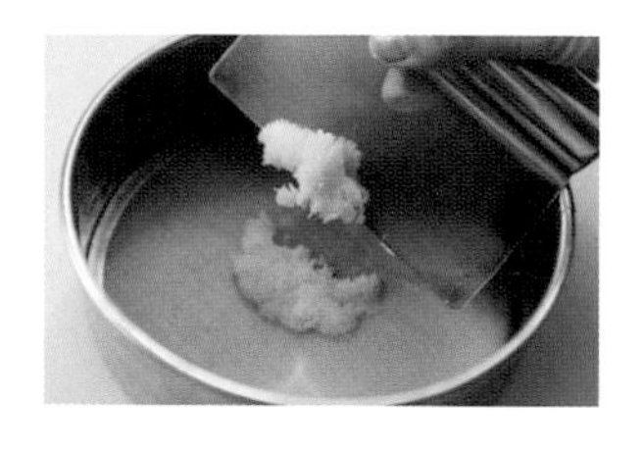

2 黏附在濾網內的質地，用麵糰切刀等道具刮取，再重新揉捏成一糰。

軟皂

本書的甜點造型手工皂裡面，最常被使用的硬度。
就像黏土一樣，可以做出各式各樣的形狀。

1 從皂基的作法步驟**18**（參照p.37）狀態的皂糰，取出必要份量。

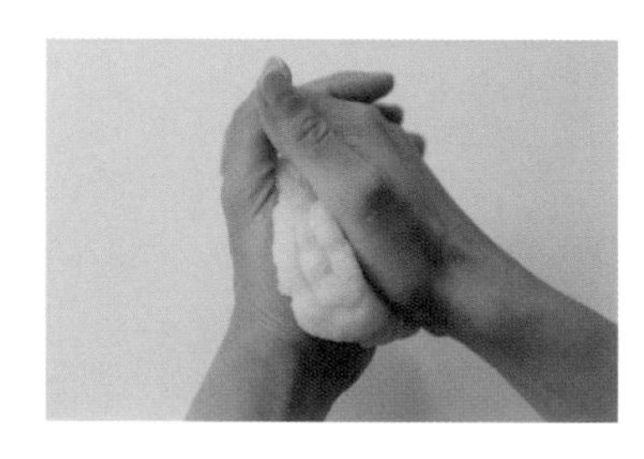

2 雙手十指交握，用手掌心使力將皂糰壓平，折半再壓平，重覆同樣動作，按壓質地。按壓時不需要用到指尖。

3 重覆幾次之後，將皂糰按壓到容易做造型的柔軟度。

→此時是上色·添加香氣的最佳時機！
（關於上色·添加香氣請參照*p.42～45*）

〈使用範例〉

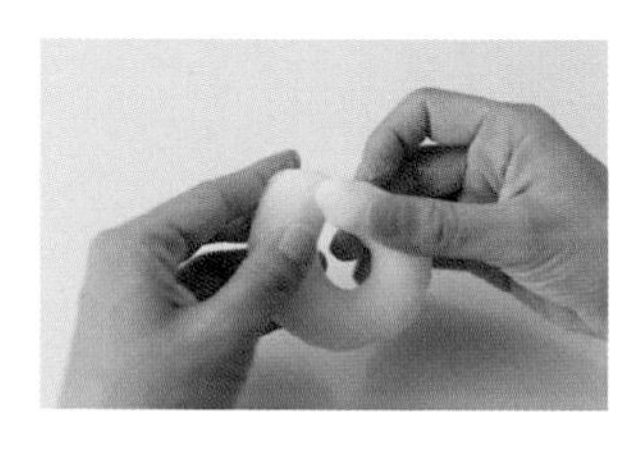

EX. 1 皂糰的感覺就像黏土或麵粉糰的質地般，可以做豐富多樣的造型。

EX. 2 用擀麵棍壓成0.1mm的厚度擀平拉長，即可成型。

硬皂

製作像堅果類或花瓣等小型、薄型的裝飾品，
用量少，當作重點裝飾時使用的硬度。

1 將皂基的作法中步驟**18**（參照p.37）狀態的皂糰，放在通風處乾燥，讓水分揮發。

2 用麵糰切刀切取需要的量（少量）。（像柔軟的皂糰般，無法用手掰開的硬度）。

3 用指尖搓揉至容易成形的硬度。

→此時是上色·添加香氣的最佳時機！
（關於上色·添加香氣請參照*p.42～45*）

〈使用範例〉

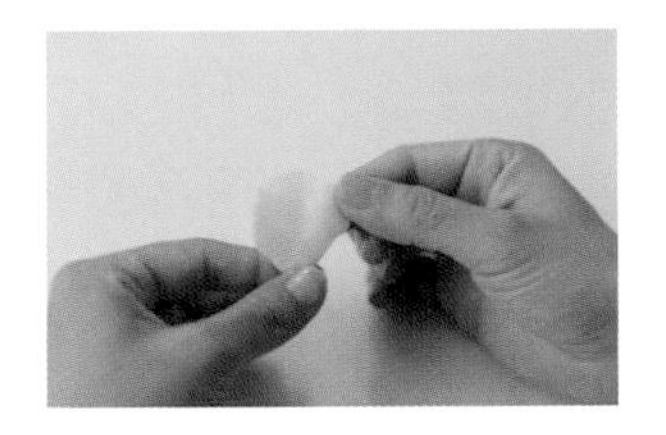

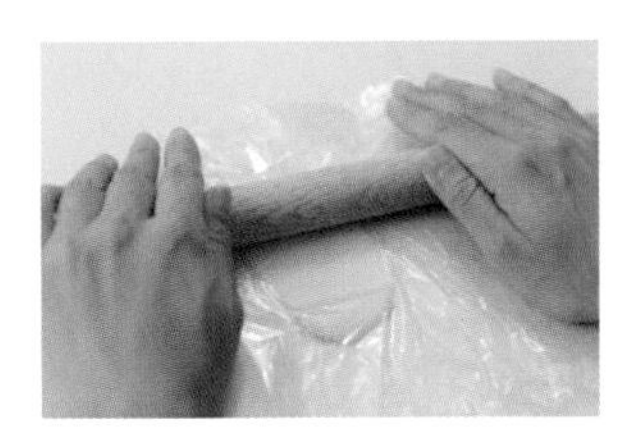

EX. 1 能夠做出像花瓣般的纖薄造型。

EX. 2 使用擀麵棍壓成約1mm左右的厚度使其延展開來，用壓模成型或者做出精細圖案。

鮮奶油皂

可以製作出蛋糕上的鮮奶油或是餅乾上的糖霜等，
能夠透過擠花做造型裝飾的硬度。

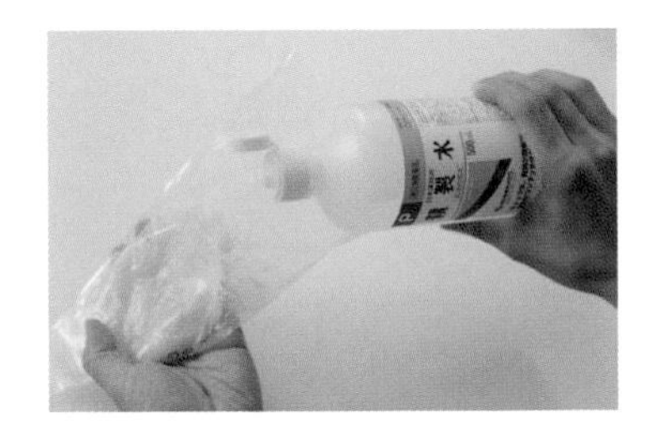

1 將皂基的作法中步驟**18**（參照p.37）狀態的皂糰放入花嘴袋，加入少量純水。

2 用指尖揉壓，使皂糰含有空氣和水分。

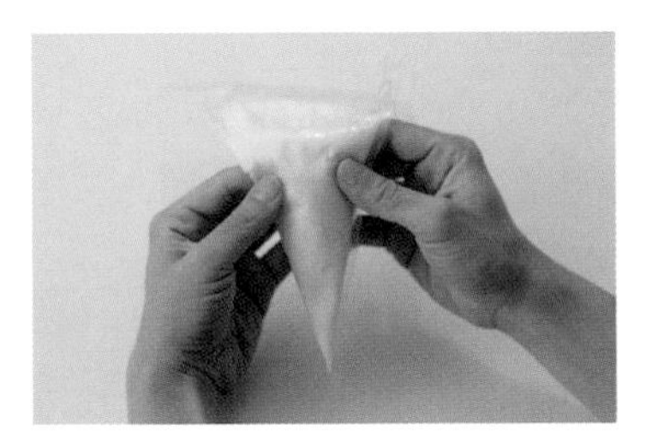

3 皂糰的顏色變白且越來越柔軟，按壓到容易擠花的皂液狀態。

→此時是上色·添加香氣的最佳時機！
（關於上色·添加香氣請參照*p.42～45*）

〈使用範例〉

EX. 1 放入花嘴袋，練習擠花。

EX. 2 使用抹刀（palette knife），可以塗抹上鮮奶油的皂液或是表面塗層。

皂基 Type 2 COLD PROCESS SOAP

CP皂

CP皂是指在常溫狀態下緩慢進行皂化反應的香皂。
相對於用火（隔水加熱）進行皂化反應的稱為熱融皂（Hot Process Soap），
CP皂又被稱為冷製皂（Cold Process Soap）。
材料和皂化反應的原理是相同的，但是不加熱的CP皂在使用質感上更為溫和。

〈基本材料〉
Type 1：與黏土皂相同。
（參照p.33）

〈所需道具〉
Type 1：與黏土皂相同。
（參照p.34）

Sample

材料（Type1：與黏土皂相同）
米糠油……180g
椰子油……75g
棕櫚油……45g
氫氧化鈉……39g
純水……100g

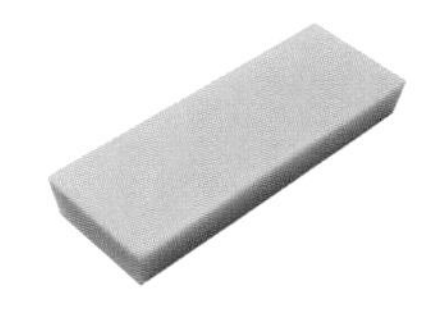

7.5×20×2.5cm
完成份量……大約300g＋α（水量）
＊根據含水量的不同，重量多少會產生差異。

〈皂基的作法〉

1 **Type1：參照黏土皂皂基的作法步驟1～12，製作皂液。**

因為pH值還很高，請注意不要直接接觸肌膚或是不小心打翻！

→此時是上色·添加香氣的最佳時機！
（關於上色·添加香氣請參照p.42～45）

2 **參照黏土皂皂基的作法步驟13～14，讓皂液凝固、熟成。**

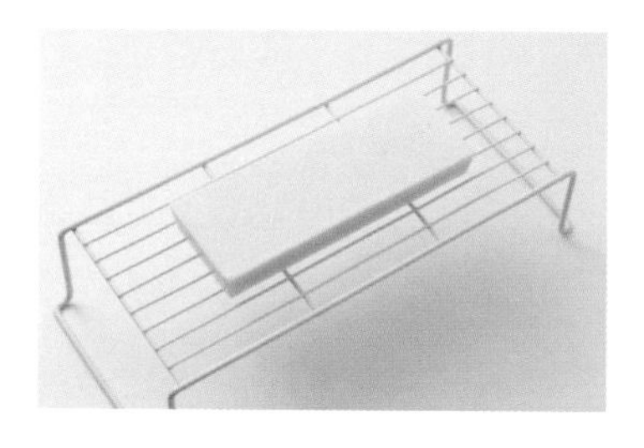

待皂液凝固後脫模，放在網架上讓它乾燥、熟成。大約兩個禮拜之後，檢測熟成度（參照p.37），若是pH8即可使用。

CP皂的保存方式

在入模前步驟12的狀態下，是無法長期保存的（完成皂液後，請在數小時內入模吧！）。倒入模具後，若有多餘的皂液，可以用來製作黏土皂（參照p.36步驟13～p.37），完全不會浪費掉。

POINT 遇到形狀小而複雜的模子，如何完美入模？

1 將擠花袋套在廣口瓶上面，撐開瓶口部分，用杓子舀起皂液再倒入。稍微剪開擠花袋的尖端。

2 將皂液擠入模具內擠花的話，可以出力讓皂液紮實地灌入模具內，包括細部也能完整填入。從表面看起來不要留任何縫隙。

！這是NG動作

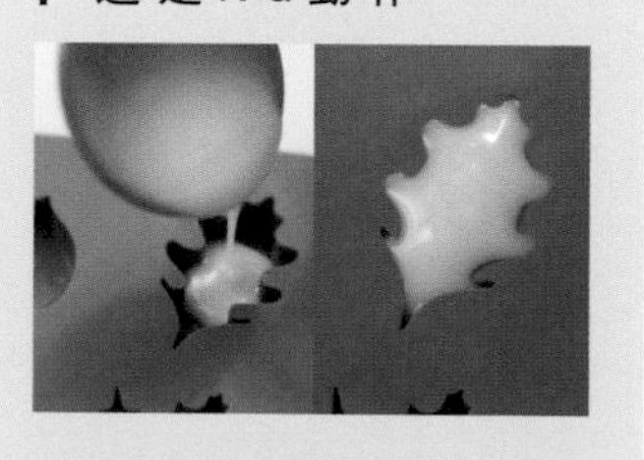

光用杓子舀起直接倒入的話，皂液無法到達細部，會出現縫隙。

皂基 Type 3 MELT POUR SOAP

MP皂

入模凝固完畢的市售MP皂，如果有辦法運用自如的話，
就能夠提高甜點造型手工皂的表現能力。
即使成形失敗了，也能夠再加熱溶解後重新製作，這是優點所在。
MP皂可以用來製作糖果或果凍等具有透明感的東西，
也很適合用來呈現出表面的光澤感，
裡面也可以放置其他東西後再來凝固。

〈基本材料〉
市售MP（甘油）皂。

〈所需道具〉
耐熱性的缽盆或器皿、麵糰切刀、
模具、竹籤。

Sample

材料
市售MP皂……50g

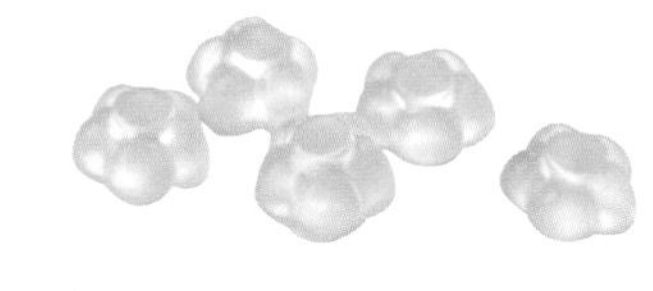

完成份量……50g。

〈皂基的作法〉

1 將MP皂切成適當的大小。

用微波爐加熱前，先切成容易溶解，約2～3cm的塊狀。

2 用微波爐或在鍋內隔水加熱，使它溶解。

→此時是上色・添加香氣的最佳時機！
（關於上色・添加香氣請參照*p.42～45*）

3 入模後，放在平坦處等待冷卻凝固。

常溫下放置10—20分鐘左右就凝固了，要注意這段期間不要沾黏到灰塵等雜質。

4 脫模。

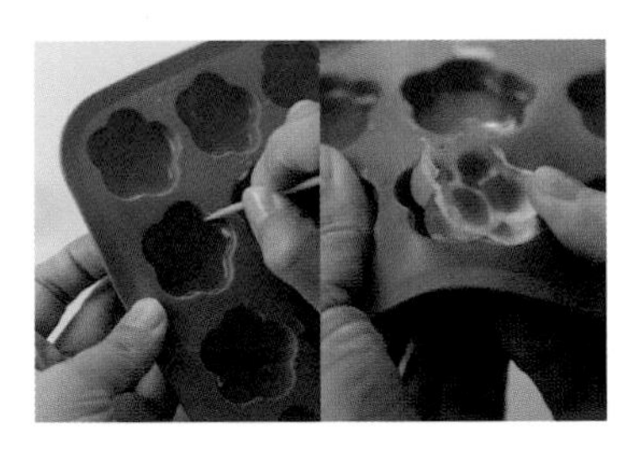

用竹籤插入邊緣讓空氣進入，就容易脫模了。不要焦急，當空氣充分進入後，皂塊就能夠輕鬆完整脫模。

MP皂的保存方式

將溶解後再度成形的MP皂用保鮮膜包好，密封後放在陰暗處保存。不需要放乾燥劑。

上色技巧

這裡介紹皂基的上色方法和使用的上色素材。
本書使用的主要素材是香草、顏料、礦物泥等，
這些上色染料皆顧及了對肌膚產生的作用。

基礎調配

〈調配方法〉

用小湯匙（或是藥匙）取上色素材至淺盤內，用純水、乙醇或伏特加來溶解，再與皂基混合。每次取少量慢慢混合，調整顏色濃淡。上色時，可以把尚未上色的皂基放在一旁做比對。

〈注意〉

因為加入水分溶解，上色後的皂基多少會變得柔軟，可能有必要再次調整硬度。因此盡量減少水分的用量。

●不溶於水的調配情況

粉末狀的香草或藍罌粟籽（blue poppy seed）等不溶於水的素材，或是少量的薑黃粉（turmeric）等，雖不溶於水，但是經過混合揉捏之後，也能夠黏附在皂基裡的素材。優點是因為沒有添加水分，所以可以維持住皂糰的硬度。若是搭配想做的甜點，還可以製作出顆粒感、斑點的效果。

＊顆粒小容易飛散出來的可可粉，或是一溶於水就出現顏色的顏料等，先用水分溶解後再與皂糰混合。

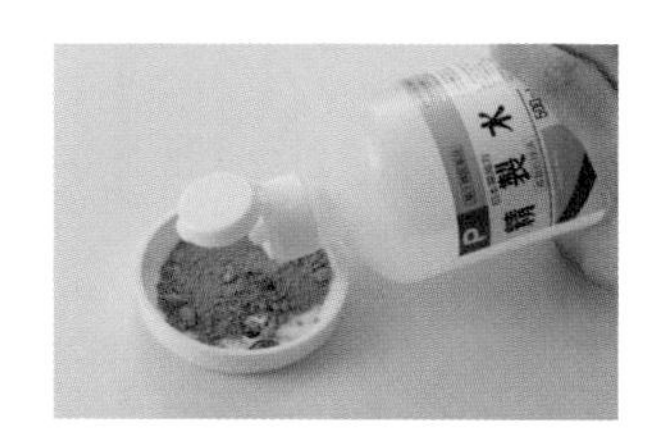

上色的最佳時機

黏土皂

〈軟皂〉

稍微揉壓過
皂基之後

p.38 軟皂**3**

〈鮮奶油皂〉

將皂基倒入擠花袋，
加入少量純水按壓成
鮮奶油狀之後

p.39 鮮奶油皂**3**

〈硬皂〉

切取需要量，
使力按捏之後

p.39 硬皂**3**

●為黏土皂上色的另一個時機

雖然介紹了揉捏成喜歡的硬度後再上色的時機，黏土皂還有另一個上色時機。那就是皂液入模前一刻（p.36步驟**12**），想要製作許多同樣顏色的黏土皂時，用這個方法可以輕鬆上色。請配合自己想做的肥皂，選擇上色的時機吧。

CP皂

皂液入模前一刻

p.40 皂基的作法**1**

MP皂

皂基加熱溶解，
成為液態的時候

p.41 皂基的用法**2**

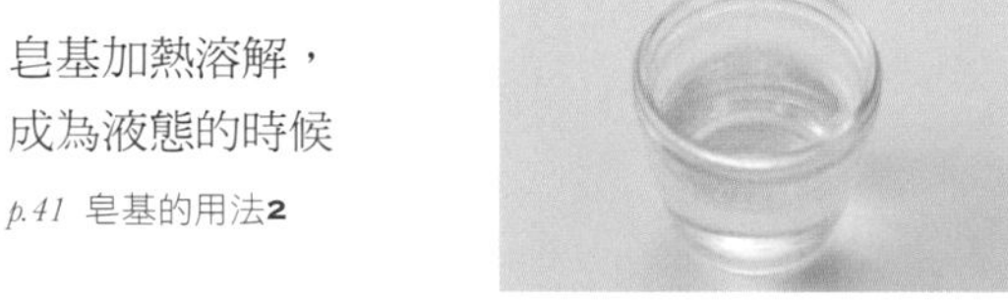

不同皂基的上色方法

黏土皂〈軟皂〉

將皂糰中央按壓出凹洞，放上上色染料，將皂基折半揉壓，注意不要灑出來，用手掌心壓扁，接著折半再壓扁，反覆20次左右，直到顏色均勻分布。關鍵是不要用指尖，而是用手掌心揉壓。

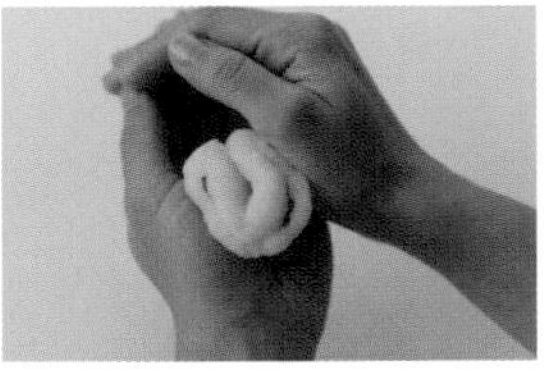

黏土皂〈硬皂〉

將皂塊按壓成像餃皮般的圓薄狀，中央放上上色染料，對折再對折，注意不要灑出來。用雙手的指尖不斷按壓，直到顏色均勻分布。

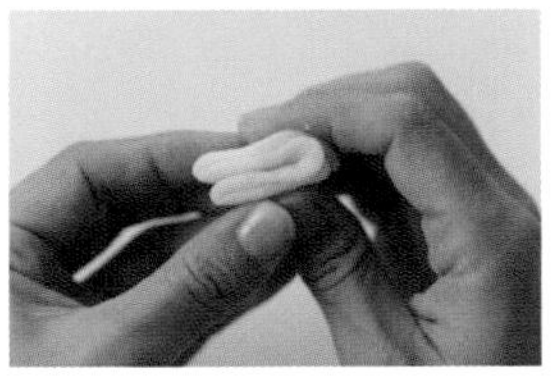
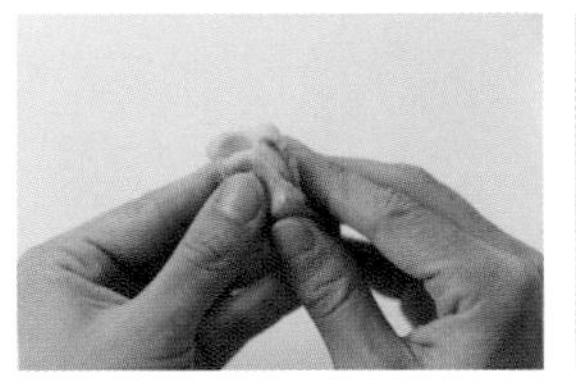

黏土皂〈鮮奶油皂〉

將皂基倒入擠花袋，加水揉捏成鮮奶油狀之後，放入上色素材。用指尖揉壓袋子，先與一部分的皂基融合，接著再讓全體的顏色均勻分布。

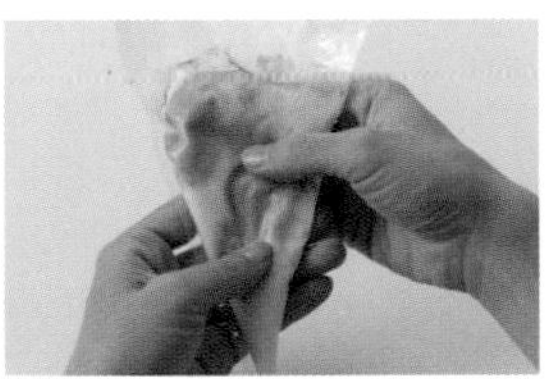

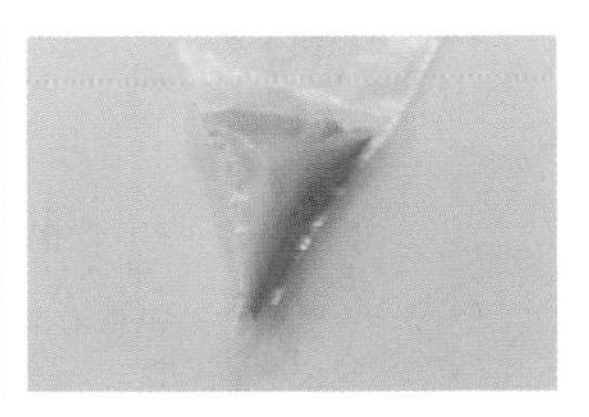

CP皂

用小湯匙舀起上色染料倒入容器側邊。首先，小範圍地攪拌調色，接著再讓全體的顏色均勻分布。

MP皂

先將上色素材放入容器，接著把MP皂緩緩倒入容器內均勻攪拌，不要有結塊。攪拌混合的時候，一旁的皂液若凝固了，先加熱溶解後再倒入。

上色素材一覽表

用小湯匙（或是藥匙）取上色染料至淺盤內，
用純水、乙醇或伏特加來溶解，再與皂基混合。
每次取少量慢慢混合，調整顏色濃淡。
上色時，可以把尚未上色的皂基放在一旁做比對。

〈原色〉

黏土皂　CP皂　MP皂

素材名（含有率）	特性、對肌膚的效果	與皂基的混合	與皂基混合後的顏色樣本		
			黏土皂	CP皂	MP皂
玉米粉（25%）	具抗菌・抗炎效果、軟化皮膚作用	CP皂和MP皂的話，用水溶解後再混合			
米糠（25%）	富含礦物質、保濕美肌效果、美白效果、調整血壓	將粉末直接混合			
薑黃粉（1%）	抗氧化作用、抗老化、美肌效果	將粉末用水溶解後再混合			
可可粉（1.25%）	富含礦物質、保濕美肌效果、放鬆效果、抗菌・抗氧化作用	將粉末用水溶解後再混合			
黑可可粉（1.25%）	富含礦物質、保濕美肌效果、放鬆效果、抗菌・抗氧化作用	將粉末用水溶解後再混合			
咖啡（1.25%）	除臭效果、脂肪分解作用、放鬆效果	將粉末用溫水溶解後再混合			
粉紅石泥粉（2.5%）	富含礦物質、收斂效果、美白效果	用水分浸泡後混和	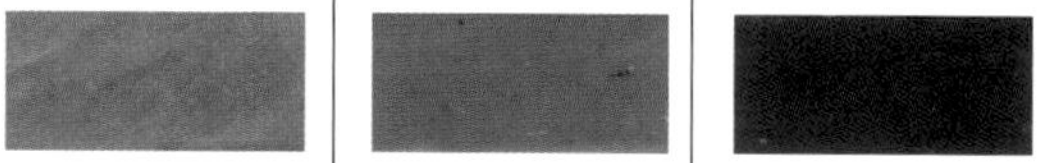		
艾草粉（5%）	具殺菌・抗炎效果、修復傷口	將粉末直接混合	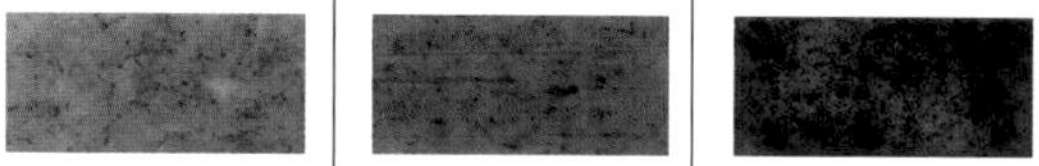		
玫瑰果（10%）	含維他命具抗氧化作用、美白效果	將顆粒直接混合	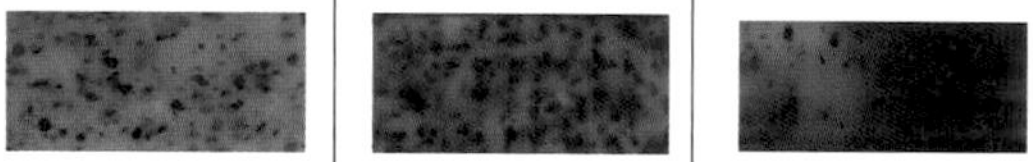		
藍罌粟籽（10%）	具有去角質、清潔效果	將顆粒直接混合	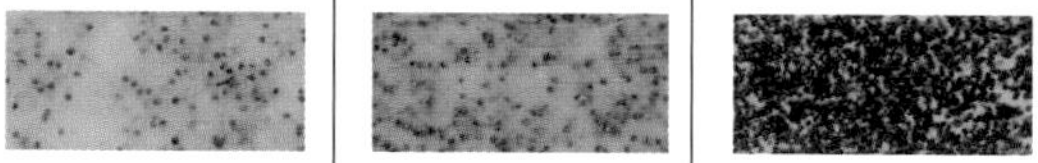		
群青（藍）（0.1%）	代替青金石（Lapis lazuli）的合成顏料，色料為亮藍色。	用水溶解後再混合			
氫氧化鉻（綠）（0.1%）	以氫氧化鉻為主成分的顏料，色料為青綠色	用水溶解後再混合			
氧化鐵（紅）（0.1%）	將氧化鐵用成粉末狀的顏料，色料為紅色	用水溶解後再混合	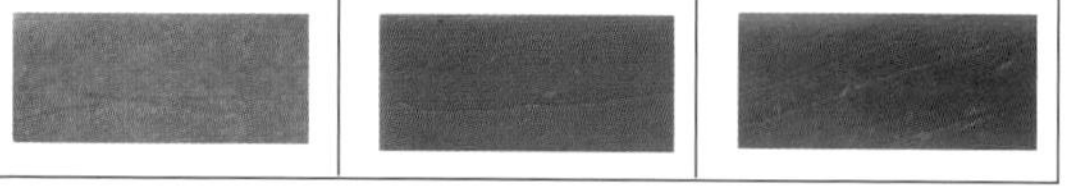		

調香配方

本書介紹的甜點造型手工皂配方，並沒有添加香料成分。
配合各位「製皂者」的喜好，請自由挑選喜愛的香氣來挑戰看看吧！
比方說，搭配香皂的甜點造型，可以添加巧克力或草莓香味，
添加精油增加功效，享受不同的香氛效果。
在此說明調香的注意事項。

基礎調配

〈添加時機〉

不管是黏土皂、CP皂或MP皂，添加香料的時機與「上色時機」相同（p.38—39、40、41）。

〈添加份量〉

一開始先添加油脂總量的比例0.1%的少量香料，接著再微量增加。可以增量到5%為止，但是考慮到香皂是用於肌膚上，香料請酌量使用。

〈調配技巧〉

請勿用手直接接觸香料，為了安全起見，戴上塑膠手套後再進行調香作業。香料與皂基的混合，請參照上色方法（p.43）。不要一次全部添加，請少量逐次添加，讓香氣能夠均勻分布在皂基上。

香料一覽表

本書選用的上色素材是對肌膚友善的素材，但是要注意香料可能會對肌膚產生刺激，有些香料可能會有使用者的限制或是使用時的注意事項，請仔細確認後，再進行調香。

純天然精油（Essential Oil）	香精油＊（Fragrance Oil）	香料油＊（Flavor Oil）
從植物的葉子或根莖、樹皮以及花瓣、果皮抽取出的揮發性有機化合物。具有易溶於酒精、油脂，卻難溶於水的特性。使用前，請詳細確認功效、毒性、對孕婦或嬰幼兒等特定人士的使用限制等事項。另外，原液是不能直接塗抹在肌膚上的，也請同時注意是否有光毒性等危害肌膚的成分。請遵守使用方法，將植物成分的香氣和功效融入皂基。	雖然沒有精油的功效，但是可以從諸多種類裡面挑選出想像中的香氣，是一大樂趣。有天然香料、人工香料，以及混合兩者的香料。	兼具味道和香氣，可食用的香料。雖然沒有精油的功效，但是常用於食品上，任誰都很熟悉的香氣，很吸引人。
薰衣草 香草類的清新香氣／殺菌、鎮靜、治療皮膚、防蟲 天竺葵 清爽花香／殺菌、舒緩緊張、消炎、防蟲、減少橘皮組織 迷迭香 如樟腦般的強烈香味／殺菌、提神、保養頭皮 沒藥 煙燻味的濃厚香氣／香味持久、鎮靜、治療皮膚 茶樹 樟腦般的刺鼻香味／殺菌、治療皮膚、振奮精神、防蟲 杜松漿果 溫和清爽的香味／殺菌、提神、防蟲 檀香 木質的清香／鎮靜、治療皮膚、保濕、香味持久 絲柏 強烈的木質香味／發汗、鎮靜、提神、調節賀爾蒙 橙花 柑橘類的花香／振奮精神、舒緩緊張、助眠、醒腦 伊蘭伊蘭 濃濃的花香／鎮靜、提神、舒緩、催情 玫瑰 清新甜美的花香／鎮靜、振奮精神、調整賀爾蒙、皮膚再生、消炎 羅馬洋甘菊 香草類的蘋果般香味／治療皮膚、消炎、振奮精神、助眠	Wedding Baby's Room Refresh Laundry For Men＊ 蘋果派 巧克力 覆盆子 麝香 伯爵茶 含羞草 杏仁酒 玫瑰花瓣 Old spice＊ Kitchen Lemon Flower Garden Oriental Wood Orange Sherbet	柳橙 草莓 香蕉 紅茶 楓糖漿 哈密瓜 羅勒 檸檬 香草 葡萄柚 櫻桃 萊姆 木瓜 薄荷 杏仁果 椰奶 巧克力 芒果

＊香精油（Fragrance Oil）與香料油（Flavor Oil）均為合成香料。
＊日本Menard化妝品公司販賣的男性用化妝品的品牌名。有基礎保養品、護髮用品和香水等。
＊Old spice歐仕派是在美國販售的男性用體香劑、沐浴精等用品的品牌名。

成形與造型裝飾

這裡介紹本書的甜點造型手工皂在成型、裝飾時的所需道具，
以及透過道具可以做出什麼樣的表現。
自由成型的黏土皂，入模凝固的CP皂、MP皂。
對照下列的使用範例，為想做的造型裝飾備齊道具吧！
製作甜點造型手工皂，主要還是以用來製作糕點的道具為主。
除非是使用容易沾上香氣的強烈香料，否則無需特別購入製皂專用的道具，
清洗乾淨就可以與製作糕點的共用。

利用模具成型

〈使用道具〉 〈適合素材／技巧〉 〈使用範例〉

各種模具、蛋糕模等

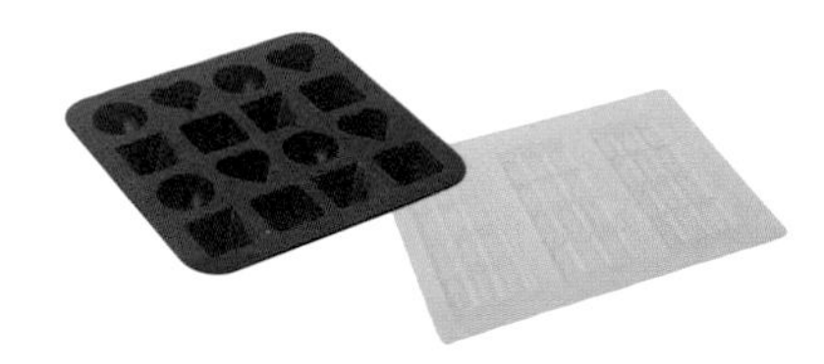

CP皂、MP皂／成型（molding）

將CP皂、MP皂的皂液倒入模具等待凝固。建議使用柔軟可迅速脫模的矽膠模，或是容易脫模的淺塑膠模，以及活動底的模具。製作蛋糕或巧克力等，可靈活運用模具來成型。

杯子蛋糕→p.57
草莓蛋糕→p.64
迷你水果塔→p.70
松露巧克力→p. 78
果凍慕斯→p.81
巧克力格子蛋糕→p.82
造型蛋糕→p.84

塔模

黏土皂／成型

本書介紹的蘋果塔的塔皮就是利用塔模製成。將黏土皂填滿模具來成型，即使是同個模具，使用黏土皂或CP皂，效果（完成品）也會產生差異，因此可以做許多不同的嘗試，也很有趣。

蘋果塔→p.68

壓模

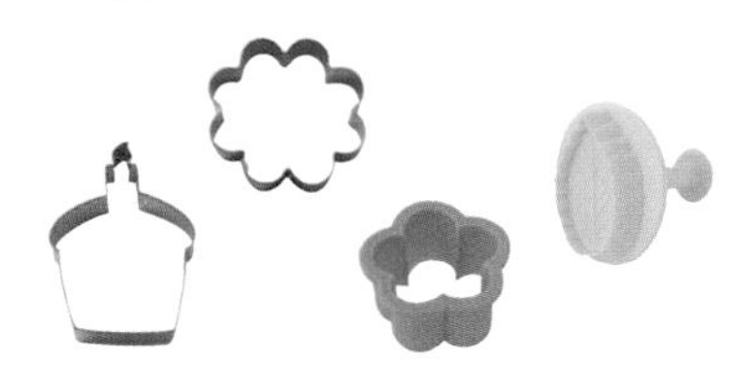

黏土皂／裁切（clipping）

將黏土皂擀平拉長變薄，用壓模來裁切出形狀。有餅乾模或是按壓出小型裝飾圖案的印章道具。

糖霜餅乾→p.54
造型蛋糕→p.84

無底圓形蛋糕模

CP皂／裁切

使用方法幾乎與壓模相同，壓入黏土皂成型，若模具有一定高度，也可以壓入厚的CP皂成型。

果凍慕斯→p.81
巧克力格子蛋糕→p.82

利用模具成型

〈使用道具〉 〈適合素材／技巧〉 〈使用範例〉

鋼絲切皂器　麵糰切刀

齒型刮板

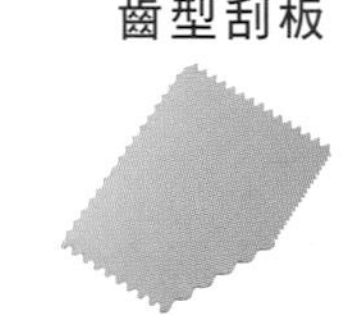

黏土皂、CP皂、MP皂／切割

切開皂基或肥皂，用於直線切割時有效。麵糰切刀在垂直切割時由上往下直接出力的話，切斷面不易彎曲。若沒有切刀，盡量以刀片薄的刀子或美工刀代替（刀片厚的話，切斷面容易變形）。

甜甜圈→*p.62*
草莓蛋糕→*p.64*
蘋果塔→*p.68*
馬卡龍→*p.71*
鬆餅→*p.76*
冰棒→*p.80*
巧克力格子蛋糕→*p.82*
造型蛋糕→*p.84*

擀麵棍　木條

黏土皂／裁切、切割

使用壓模前，用擀麵棍將皂基擀成薄片狀。將木條放在皂基的左右兩側，確保想要的厚度，可以將擀麵棍置放在兩條平行的木條上，像吊橋一樣，來回轉動，將皂基壓平。木條屬於陶藝用品，如果沒有，也可以準備兩條同樣厚度的板子或棒子來使用。

糖霜餅乾→*p.54*
草莓蛋糕→*p.64*
捲心蛋糕→*p.66*
巧克力格子蛋糕→*p.82*
造型蛋糕→*p.84*

雕刻刀

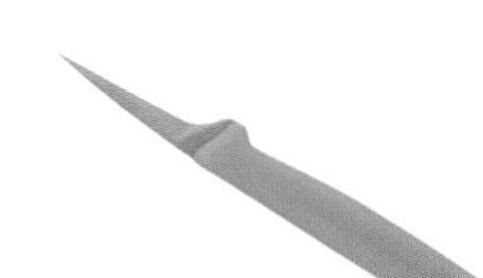

黏土皂／切割

鋼絲切皂器或麵糰切都等無法切割的曲線或精細的形狀等，就使用雕刻刀使用方式如同握鉛筆般。

蘋果塔→*p.68*

竹簾（捲壽司用）

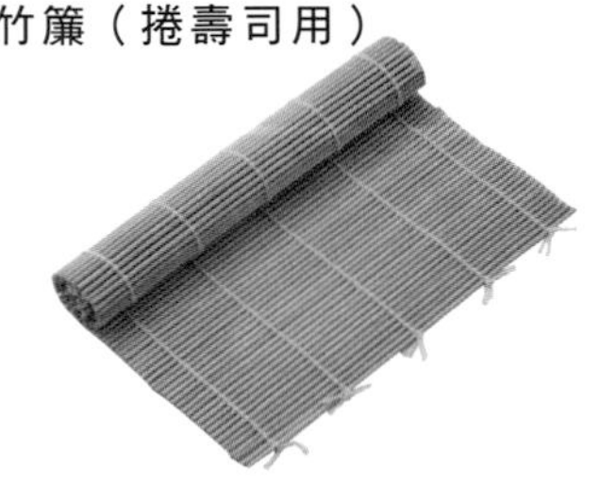

黏土皂／捲心

如果是可以自由成形的黏土皂，想要做成漩渦狀的造型時可以使用竹簾。

捲心蛋糕→*p.66*

表面加工和上色

〈使用道具〉〈適合素材／技巧〉〈使用範例〉

竹籤

黏土皂／刻劃

在皂基上刻劃花樣，表現出餅乾或巧克力表面凹凸不平的模樣。用竹籤尖端勾起，用手指腹按壓竹籤劃出線條。若沒有竹籤，可以用牙籤代替，適合用來表現出鬆餅或派皮等的層次感。

糖霜餅乾→*p.54*
杯子蛋糕→*p.57*
美式餅乾→*p.60*
甜甜圈→*p.62*
馬卡龍→*p.71*
蔓越莓派&洋梨派→*p.74*
鬆餅→*p.76*
松露巧克力→*p.78*
果凍慕斯→*p.81*
巧克力格子蛋糕→*p.82*
造型蛋糕→*p.84*

海綿

黏土皂／上色

為皂基表面上色時，用海綿輕拍使顏色附著上去，洗碗綿也OK，但是建議使用海綿。可以呈現出餅乾上面分佈不均的焦黃色。

美式餅乾→*p.60*
甜甜圈→*p.62*
捲心蛋糕→*p.66*
蔓越莓派&洋梨派→*p.74*
鬆餅→*p.76*

水彩筆

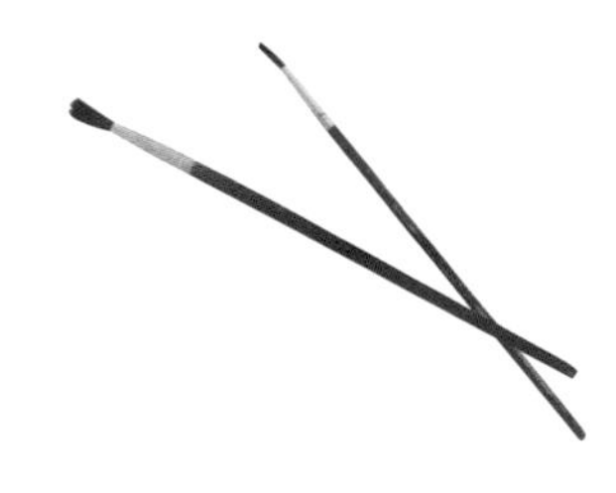

黏土皂／水彩畫法

水彩筆可以用來呈現色彩渲染的效果。用指尖或面紙等去掉一些水分後再上色。像蘋果皮等，想要做出色彩斑駁的表面，或是海綿無法著色的細部，可使用水彩筆。還有，用筆塗抹純水可讓色料與皂基密合，以及表現出MP皂的亮澤。

草莓蛋糕→*p.64*
捲心蛋糕→*p.66*
蘋果塔→*p.68*
迷你水果塔→*p.70*
棒棒糖&旋轉棒棒糖→*p.72*
蔓越莓派&洋梨派→*p.74*
巧克力格子蛋糕→*p.82*
造型蛋糕→*p.84*

〈處理上色素材時的道具〉

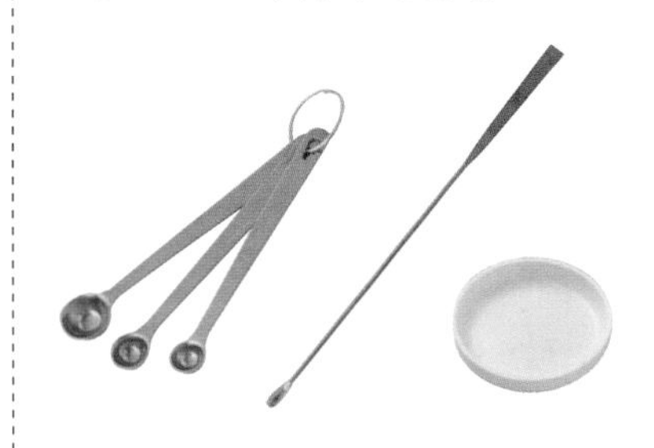

小湯匙、藥匙、小淺盤

為皂基上色時，這些道具是用來舀取少量的上色素材，再用水溶解。大多數的情況是會使用多種顏色，所以多準備幾個，上色會比較方便進行。

造型裝飾

〈使用道具〉　〈適合素材／技巧〉　〈使用範例〉

擠花袋

黏土皂／擠花

蛋糕上的奶油或是餅乾上的糖霜、杯子蛋糕的造型等，用途廣泛。有花嘴頭的話，使用同個擠花袋，只要更換不同的奶油花嘴即可。同樣顏色的皂基，想要擠出不同花樣時，花嘴是相當好用的小道具。

糖霜餅乾→*p.54*
杯子蛋糕→*p.57*
甜甜圈→*p.62*
草莓蛋糕→*p.64*
捲心蛋糕→*p.66*
蘋果塔→*p.68*
迷你水果塔→*p.70*
馬卡龍→*p.71*
蔓越莓派&洋梨派→*p.74*
松露巧克力→*p.78*
巧克力格子蛋糕→*p.82*
造型蛋糕→*p.84*

花嘴頭&奶油花嘴

星形

葉齒

扁口

細圓形

刨起司器

黏土皂／造型

為了做出杏仁粉的感覺，用刨起司器將上色後的黏土皂（硬皂）刨成細粉狀。

造型蛋糕→*p.84*

裱花剪（Flower Lifter）

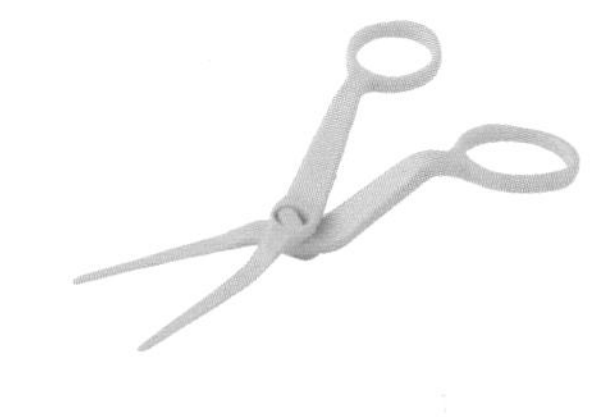

黏土皂／造型

用裱花剪將製作好的裝飾用糖花等，完整地移到本體（蛋糕）上。像是杯子蛋糕或是造型蛋糕等，小型立體裝飾品多的時候，可以派上用場。

糖霜餅乾→*p.54*
造型蛋糕→*p.84*

尖嘴鑷

黏土皂／造型

使用尖嘴鑷夾取小型裝飾品來做造型。要放上小花或果實、銀色糖珠等迷你素材，或是做精巧造型時可使用。照片是「彎頭尖嘴鑷」，比起一般的直頭尖嘴鑷，能夠做更精細的造型裝飾。

杯子蛋糕→*p.57*
迷你水果塔→*p.70*
棒棒糖→*p.72*

抹刀

黏土皂／修飾奶油

抹刀是用來塗抹鮮奶油狀的黏土皂。還有，用抹刀沾取黏土皂放進擠花袋時，方便深入到擠花袋的底部。

捲心蛋糕→*p.66*
巧克力格子蛋糕→*p.82*
造型蛋糕→*p.84*

香皂配方的油脂調配課程

製作本書的甜點造型手工皂，需要用到黏土皂與CP皂，
為了讓初學者也能簡單自製皂基，所以設定了基本材料與調配比例，
也就是說，完成後的香皂在特性和使用質感上是相同的「統一配方」。
但是，透過調整油脂的配方，可以改變香皂的使用質感和顏色。
這裡介紹使用個人喜愛的油脂時，需要注意的配方計算方式，可以嘗試各種不同的調配喔。
如果進階到自製獨特配方的香皂，就更能提升製作手工皂的自信和樂趣。

調和油脂之前

〈氫氧化鈉量的計算式
—關於鹼量—〉

右頁的一覽表裡標示的「鹼量」，是用於計算出與油脂混合的氫氧化鈉量，計算式為「油脂（g） × 鹼量 = 氫氧化鈉（g）」。
鹼量會因為油脂種類不同而有差異，所以下列示範的配方是使用酪梨油、米糠油、椰子油、乳木果油，各自乘以鹼量，計算出4個氫氧化鈉量後進行合計（參照下欄的「氫氧化鈉量的計算方式」）。小數點以後的數字不用四捨五入，正確計算之後，最後合計的部分再調整成整數即可。

〈扣掉氫氧化鈉量，
製作友善肌膚的肥皂
—關於皂化率—〉

將油脂與鹼混合攪拌會變成香皂的化學反應，就稱為「皂化」，而要皂化油脂所需要的氫氧化鈉量的比率，就稱為「皂化率」。
能夠完全將油脂皂化的氫氧化鈉量，其皂化率為100%，鹼量過多的話，皂化率就會超過100%，製作出來的香皂也對肌膚不好。
手工皂追求的是對肌膚友善的香皂，設定的皂化率在85～95%，完成後的成品會保留一些油脂成分在裡面（本書配方的皂化率大約是87～90%）。
自製獨特配方的香皂時，也不要忘記以計算式「氫氧化鈉量 × 皂化率（85～95%）」來調整氫氧化鈉量喔。

配方的調配法

＊這裡是以300g的香皂（使用較大的缽盆調配容易製皂的份量）為例做介紹。

Sample

專為嬰兒、寵物製作的手工皂
對肌膚溫和不刺激，使用起來有滋潤感。

油……300g
- 酪梨油（未精製）……105g
- 米糠油（無農藥）……75g
- 椰子油……75g
- 乳木果油……45g

氫氧化鈉……40g
純水……105g

氫氧化鈉量的計算方式

油量（g） × 鹼量可求出各類油脂所需要的氫氧化鈉量。
小數點以後的數值也可以直接合計，乘以皂化率之後，最後再取整數。

酪梨油	105g × 0.136 = 14.28
米糠油	75g × 0.134 = 10.05
椰子油	75g × 0.19 = 14.25
乳木果油	45g × 0.13 = 5.85g
	合計 44.43g

44.43g × 90%（85～95%個人喜愛的皂化率） = 39.987→40g

純水量的計算方式

水分是油總量的30～35%
油總量300g × 35%=105g

！ 最後要驗算

完成配方後，要計算相對於油總量的氫氧化鈉量是多少，在13%前後才是OK的。雖然確認需要多花費工夫，但是能夠提高安全性。

容易取得進行調配的推薦植物油一覽表

名稱	鹼量	原料	製成香皂時的特性
茶花籽油	0.136	茶花籽	保濕力、洗淨力高。與人體皮脂組成接近。適合洗髮。可與不易軟化的油脂做調配。
橄欖油	0.136	橄欖	保濕力、洗淨力高。不易氧化。具有硬度，可與不易軟化的油脂做調配。
甜杏仁油	0.137	杏仁果	適合乾燥肌、敏感肌。保濕力高。泡沫細緻綿密。可與不易軟化的油脂做調配。
小麥胚芽油	0.132	小麥胚芽	有防止氧化效果、保濕力高。可與不易軟化的油脂做調配。
酪梨油	0.136	酪梨	製成淡綠色的肥皂。適合乾燥肌、敏感肌。洗淨力高。可與不易軟化的油脂做調配。
可可脂	0.14	可可果	適合乾燥肌。保濕力高。可製成不易軟化的香皂。可與起泡性佳的油脂做調配。
米糠油	0.134	米糠	保濕力、洗淨力高。可製成柔軟不易氧化的香皂。可與不易軟化的油脂做調配。
棕櫚油	0.143	油棕果	可製成不易軟化的硬皂。保濕力高。可與起泡性佳的油脂做調配。
椰子油	0.19	椰子	可製成起泡性佳的硬皂。也適合用於海水或冷水。可與保濕力高的油脂做調配。
榛果油	0.135	榛果	適合乾燥肌、敏感肌。保濕力、洗淨力高。可與不易軟化的油脂做調配。
夏威夷堅果油	0.139	夏威夷果	適合乾燥肌、敏感肌。保濕力、洗淨力高。可與不易軟化的油脂做調配。
荷荷芭油	0.066	荷荷芭樹果核	有防止氧化效果。保濕力高。適合洗髮。可與不易軟化的油脂做調配。
葡萄籽油	0.134	葡萄籽	可製成清爽的香皂。洗淨力高。可與有防止氧化效果的油脂做調配。
乳木果油	0.13	乳油木堅果	適合乾燥肌、老化肌。可製成不易軟化且泡沫柔滑細緻的香皂。保濕力高。
芝麻油	0.135	芝麻籽	保濕力、洗淨力高。不易氧化。可與不易軟化的油脂做調配。

●關於其他油脂

沙拉油　精製沙拉油即使在低溫下，長時間也不會產生結晶，適合作為調味料。日本的獨特產品。
芝麻油、紅花油（Safflower Oil）、米糠油、花生油裡面也含有沙拉油，也可以用來製作香皂喔。

調合油　（健康取向的油品等）因為調合油的成分不明確就無法確定鹼量，所以不建議初學者使用。

精製油　很多精製油是無色無臭，清澈透明。未精製時的內含成分，若對自己的肌膚是好的，
就選擇用未精製過的油脂。相反地，也有些情況是因為肌膚的過敏問題等，必須選擇使用精製油。

〈浸泡油的作法〉

浸泡油是將植物原料放在油脂裡浸泡，萃取出植物含有的油溶性成分（主要是精油）。透過浸泡油，可以輕鬆地將植物成分與香皂融合。依原料不同，能享受到不同的顏色和淡淡香氣，也是魅力之一喔！

●植物原料

薔薇、紫草根、綠茶、紅蘿蔔、金盞花、桃葉、迷迭香、薰衣草等。

●油脂

橄欖油、米糠油、茶花籽油、夏威夷堅果油、榛果油、小麥胚芽油、荷荷芭油等，不易氧化的油脂。

作法
1. 先將切好的植物原料放入玻璃罐裡面，超過一半以上，再倒入油脂至滿為止。（目的是為了盡量減少空氣）
＊請注意油要完全覆蓋過植物。
2. 放在有陽光處長達兩個禮拜以上，每天打開玻璃罐，將植物上下翻動混合均勻。
3. 將植物油用布巾過濾，用力榨取到最後1滴。
4. 再度放入新的植物原料浸泡，重複進行步驟**1** 和**2**。
5. 裝進遮光瓶，放在陰暗處保存。若沒有氧化，使用期限約1年前後。

香皂成品的注意事項

製作手工皂的過程是充滿樂趣的，
因此也希望能夠實際用得開心、安心，
一起來注意使用上的幾個小重點吧！

保存方法與保存期限

乾燥途中盡量不要接觸到空氣，放在陰暗處保管。因為肥皂很怕遇到濕氣，所以密封時一定要放乾燥劑。雖然會有褪色或香氣產生變化的現象，但是熟成後的1年以內都可以使用。使用的材料或者是室內溫度・濕度等的保存環境不同，也會有很大的差別，萬一變成咖啡色、有異臭，或出現嚴重沾黏狀況，請避免使用。

使用方法

放在水氣多的地方，肥皂容易溶解，建議放在瀝水性佳的皂盒上。使用時，用毛巾或者是海綿起泡，用泡沫來洗淨肌膚吧。

！使用前先做貼膚試驗（Patch Test）

不只是自製的手工皂，第一次用於肌膚的用品要記得做貼膚試驗喔。先將香皂起泡後，塗抹在兩隻手腕的內側，分別在幾分鐘後和24小時過後檢查一次，若沒有出現異常，就表示OK。

香皂的切割方法

蛋糕或水果塔、磅蛋糕（pound　cake）等較大型的甜點造型手工皂，一般會切塊後使用（＊）。從整體的形狀或是上面的水果裝飾等決定切的位置，再用麵糰切刀或刀子來切塊。為了能夠完整切出斷面，建議先用有垂直面的物體夾住蛋糕後，再以麵糰切刀沿面切下。就可以很漂亮俐落地切塊，不用擔心切到一半斷面出現彎曲。
＊完成後盡早切塊使其乾燥的話，手工皂也會較具持久性。

包裝時的注意事項

甜點造型手工皂適合用來當作禮物，但是考慮個別不同的形狀和特性，包裝時有些細節需要注意。充分掌握手工皂的使用素材，享受包裝禮物的樂趣吧！

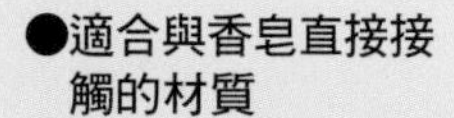
●適合與香皂直接接觸的材質

防油紙、蠟紙、烘焙紙、布、日本和紙（細毛較少的）

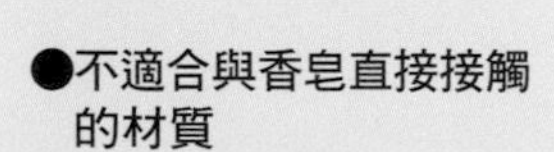
●不適合與香皂直接接觸的材質

毛線、填充紙絲、鋁箔紙、密封的塑膠袋類、鹽（把香皂放在浴鹽裡面是NG的）

密封包裝

放入小包裝袋或是附蓋的瓶子裡，濕氣容易造成手工皂氧化，發生沾黏的狀況。因此，密封時請放入乾燥劑。

用小點心盒包裝

和甜點一起包裝，或者是包裝成像甜點一樣，也是很棒的點子。但是，為了防止誤食，一定要附上注意說明！

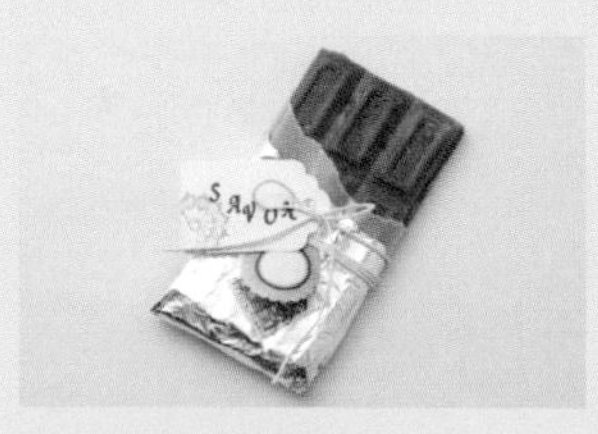

用鋁箔紙包裝

鋁箔紙直接接觸的話，會發生腐蝕，因此與手工皂的接觸面（與鋁箔紙之間）要用防油紙或蠟紙來隔開。

禮盒包裝

看不見內容物的禮盒包裝，外面最好要註明裡面是香皂以及使用素材為何。請注意不要強調對肌膚的功效等。

甜點造型手工皂的作法

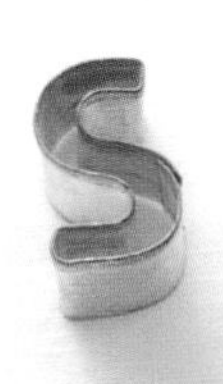

前面*p.08*～*27*介紹的各個作品，將在本章詳細解說作法。
材料、道具、皂基的作法以及上色方法等基本內容，
請參照*p.29*開始的「甜點造型手工皂的基礎課程」。

＊材料表中黏土皂、CP皂的份量是容易捏製的份量，有時也會有稍微增加的情形。
＊讓黏土皂、CP皂熟成的過程，需要一定的時間。若從製作皂基的步驟開始，
是無法立刻製作甜點造型的。請先閱讀過配方之後，事先預留準備皂基的時間。

●製作手工皂時，請在砧板或防水桌布等，可以直接置放皂基的地方進行。
為了防止皂糰沾黏，可以將玉米粉包在紗布裡適量輕撒於桌面上。

●關於上色素材的用量，未滿1g是以「少許」來標示。不同作品的上色，
請一邊觀察吃色的情形，再慢慢地增加用量。

●黏土皂在捏製成型，尤其是壓薄使用之際，容易乾燥變硬。
請適當用保鮮膜包裹，保持皂基的柔軟度。

●甜點造型的裝飾品是使用七彩糖針、彩糖粒、銀色糖珠等，
這些糖分具有保濕效果。作為肥皂來使用時，
選擇易溶於水且不太會對肌膚產生影響的材料。

＊銀色糖珠的表面金屬可能會發生腐蝕，因此亮麗的銀色外觀無法持久。

 (→p.08～09)

a

糖霜餅乾

使用可以壓模、擠花且自由成型的黏土皂，製作出糖霜餅乾吧！

材料（a：花朵形狀／份量8片）

黏土皂……300g
- 米糠油……180g
- 椰子油……75g
- 棕櫚油……45g
- 氫氧化鈉……39g
- 純水……100g

米糠……50g
玉米粉……適量
氫氧化鉻（綠）……少許
群青（藍）、薑黃粉……各少許

所需道具

擀麵棍
木條（厚8mm）
餅乾模（直徑60mm）
竹籤
擠花袋
細圓形花嘴
裱花剪或是尖嘴鑷

Pick up! (→請參照p.55)

1 將米糠與黏土皂160g混合揉捏。用擀麵棍擀成厚度8mm的薄片，再用花型的餅乾壓模來成型。

2 先製作糖霜的基座部分。將氫氧化鉻（綠）與黏土皂80g混合揉捏後，分別捏製8個淚滴狀的配件，以能夠放置於步驟**1**花瓣形狀上的大小基準來製作。

3 要放上步驟**2**的部分，先用純水（份量外）沾濕。

POINT 沾濕接觸面的話，會比較緊密貼合。

4 將步驟**2**的類件配合花瓣形狀排列。

5 用指尖將步驟**4**慢慢壓扁，輕按銜接處使其平滑接合。

POINT 為了呈現糖霜稍微飽滿的輪廓，因此外側部分請小心不要壓得太扁。

6 用竹籤描繪出裝飾圖案的草稿。

7 把黏土皂40g製成鮮奶油狀（參照p.39），再用細圓形花嘴描繪出類似花邊桌墊的圖案。

8 空白處描繪花朵。

9 將剩餘的黏土皂分別用薑黃粉和群青來著色作為裝飾，疊放在步驟**8**的中心處，即完成造型，之後等待乾燥。

Pick up!

利用餅乾
壓模來成型吧

～認識裁切

裁切（clipping）是指
利用壓模來成型。
用餅乾模具幫手工皂成型，
感覺就像在烘焙教室做餅乾呢。

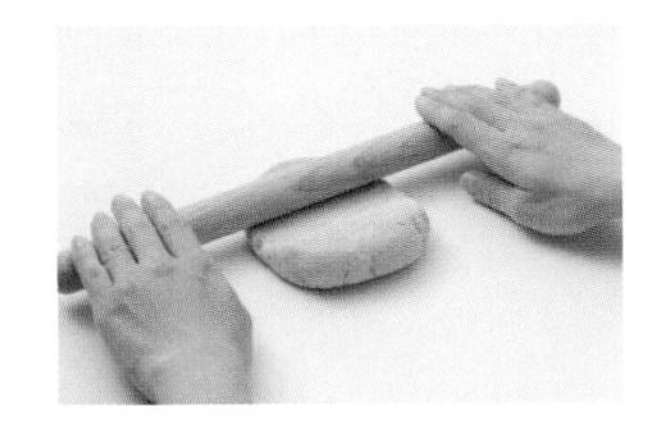

A 用擀麵棍輕輕將皂糰由中央往外側的方向擀平，起先有些厚度是OK的。

B 將兩根木條垂直放在皂糰兩側，再放上擀麵棍來回滾動，擀平至同一厚度。如果沒有木條，用**A**的方法盡量擀平擀薄且讓厚度平均。

C 將玉米粉撒在方盤等容器上，接著手拿壓模（與皂糰的接觸面）沾附玉米粉。這是為了防止皂糰與模具黏在一起，不易脫模。

POINT 每一次壓模前，要重新沾玉米粉。

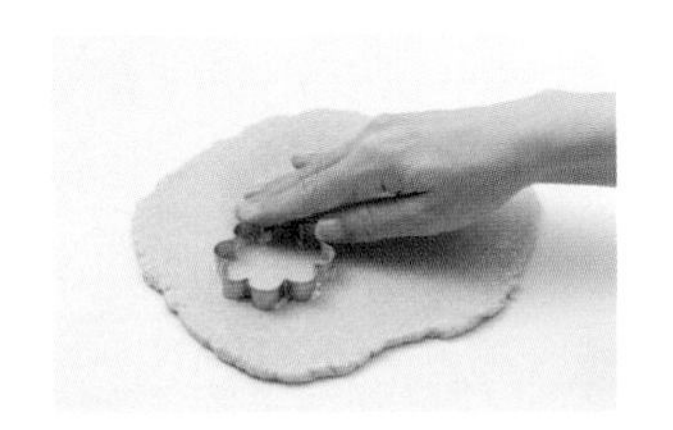

D 將壓模放在薄平狀的皂糰上，直接往下按壓。

E 拿起壓模，將裡面的皂糰輕壓脫模，保持完整形狀。

VARIATION!

用同樣的餅乾壓模
嘗試搭配不同顏色，
或使用不同的壓模，
自由創作看看吧！

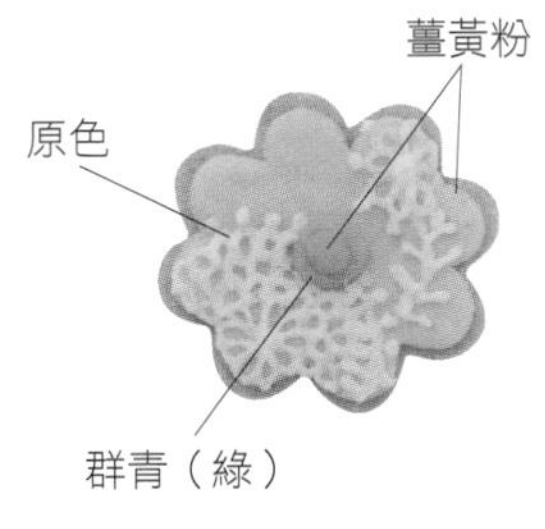

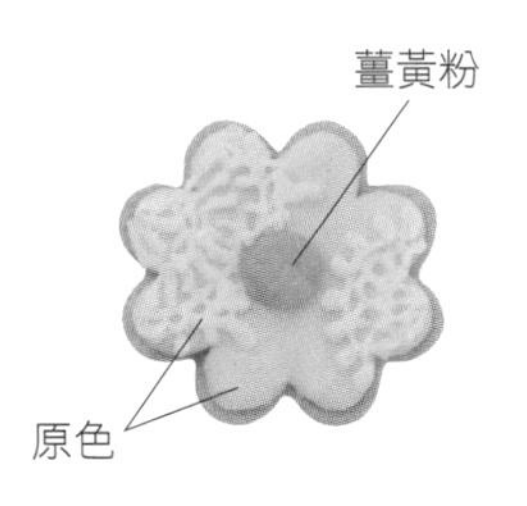

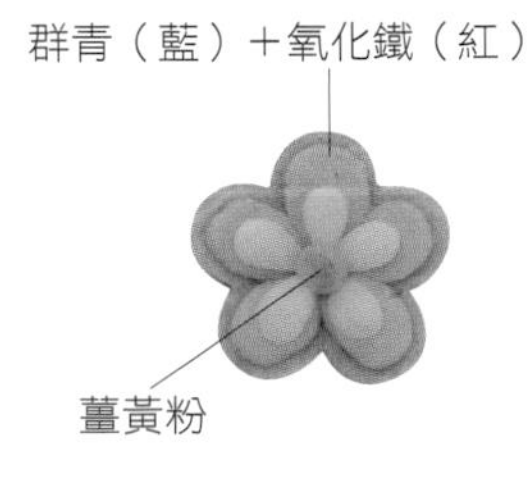

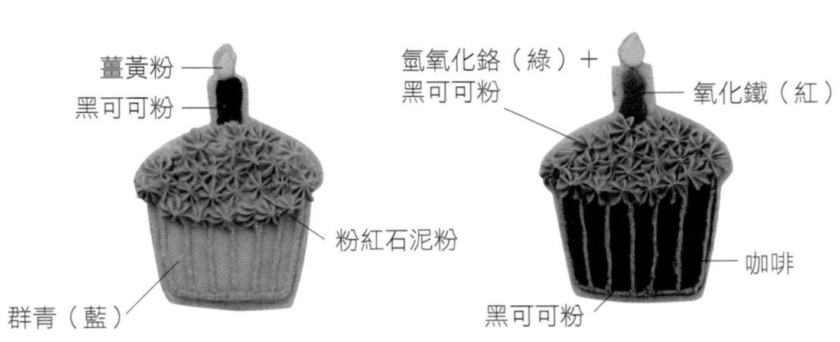

b

材料（b：杯子蛋糕形狀／份量6片）

黏土皂……400g
- 米糠油……240g
- 椰子油……100g
- 棕櫚油……60g
- 氫氧化鈉……52g
- 純水……140g

米糠……50g
玉米粉……適量
群青（藍）……少許
粉紅石泥粉……少許
薑黃粉……少許

所需道具

擀麵棍
木條（厚3mm）
餅乾模
擠花袋
細圓形花嘴、星形花嘴

Pick up!（→請參照*p.55*）

1 將米糠與黏土皂200g混合揉捏。用擀麵棍擀成厚度8mm的薄片，再用杯子蛋糕型的餅乾壓模來成型。

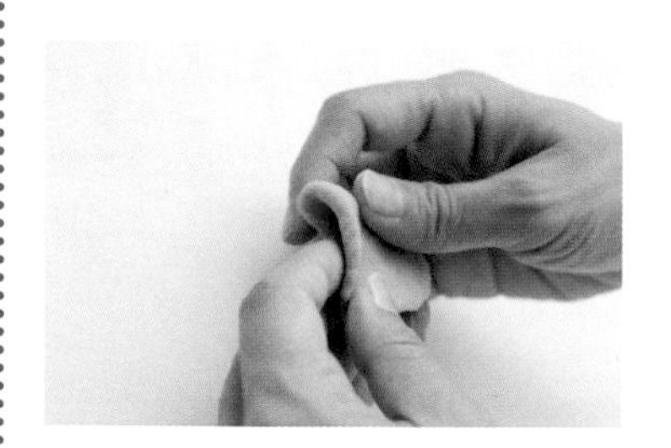

2 將群青（藍）與黏土皂100g混合揉捏後，製作杯子蛋糕的杯子基座部分。

3 要放上步驟**2**的部分，先用純水（份量外）沾濕。

POINT 沾濕接觸面的話，會比較緊密貼合。

4 將**2**放在**3**的上面，輕輕按壓。

POINT 輪廓往內側擠壓成形，不用切除，這樣一來能呈現出糖霜的飽滿輪廓。

5 把輪廓修整好，確定形狀。

POINT 最上面的邊線會被擠花裝飾蓋住，因此不修平整也OK。

6 把黏土皂20g製成鮮奶油狀（參照p.39），摻入粉紅石泥粉均勻混合，再用細圓形花嘴擠出如圖所示的條紋狀。先描繪出裡面的線條後，最後再畫外圍。

7 擠花裝飾蠟燭部分。

8 把黏土皂50g製成鮮奶油狀（參照p.39），用星形花嘴擠花，從與杯子部分稍微重疊處開始，依序往上擠花。

9 將剩餘的黏土皂（10g）摻入薑黃粉均勻混合，捏製成水滴狀作為蠟燭火焰，放在**8**上面即完成造型，之後等待乾燥。

02 DECORATION CUP CAKE (→p.10~11)

杯子蛋糕

用CP皂製成杯子基座，上層是用黏土皂擠出的鮮奶油。
這裡介紹的3種配方是糖珠裝飾、花朵裝飾、用黏土皂成型的玫瑰花裝飾。

材料（直徑3cm／份量8個）

CP皂……300g
- 米糠油……180g
- 椰子油……75g
- 棕櫚油……45g
- 氫氧化鈉……39g
- 純水……100g

群青（藍）……少許
氧化鐵（紅）……少許

黏土皂……300g
- 米糠油……180g
- 椰子油……75g
- 棕櫚油……45g
- 氫氧化鈉……39g
- 純水……100g

粉紅石泥粉……少許
薑黃粉……少許
艾草粉……少許
可可粉……少許
銀色糖珠、彩糖粒（小）……適量
彩糖粒（大）……2個
銀色糖珠（大）……2個

所需道具

模具（迷你杯子蛋糕型或是迷你馬芬蛋糕型）
竹籤
擠花袋
細圓形花嘴、星形花嘴、扁口花嘴
裱花剪

a

b
c

***a*1** 製作杯子基座部分。將CP皂分成3等分，利用群青和氧化鐵（紅色）調配出3種顏色，將皂液倒入模具，等待熟成後脫模。

***a*2** *a*的杯子側面用竹籤描繪出文字草稿。

a*3** 把黏土皂70g製成鮮奶油狀（參照p.39），用細圓形花嘴擠花，沿著*a2**的文字描繪。

a*4** 用鮮奶油裝飾*a3**的上方。用星形花嘴將*a***3**剩餘的鮮奶油先在中心處稍微擠花。

a*5** 在*a4**的芯周圍，以繞圓圈的方式擠花，像一座小山。

***a*6** 撒上銀色糖珠和彩糖粒等。

*a***7** 用純水（份量外）溶解可可粉，接著用竹籤尖端沾附著色料。在彩糖粒（大）的上面描繪圖案，放在*a***6**上即完成造型，之後等待乾燥。

Pick up!（→請參照*p.58*）

b 把黏土皂70g製成鮮奶油狀（參照p.39），摻入粉紅石泥粉均勻混合，用星形花嘴擠花。另外，把黏土皂20g摻入艾草粉混合，擠出花朵形狀，再放上原色黏土皂和銀色糖珠即完成造型，之後等待乾燥。

Pick up!（→請參照*p.59*）

c 把黏土皂70g製成鮮奶油狀（參照p.39），摻入可可粉均勻混合，用星形花嘴擠花。另外，把黏土皂50g摻入薑黃粉混合，捏製成玫瑰花，放在蛋糕上做裝飾，之後等候乾燥。

Pick up!

用花嘴做出擠花裝飾

～認識擠花

「擠花」（piping）
是擠出鮮奶油圖案或花紋的意思，
使用不同造型的花嘴，
可以呈現出多采多姿的變化，
也提高了裝飾的可能性。
這裡介紹5片花瓣的花朵裝飾畫法。

花（份量2朵）……黏土皂10g

A 為了擠出5朵花瓣，先用竹籤在大概的位置上做記號。

B 擠出第1片花瓣。從中央往外側擠出片狀的花瓣，外緣慢慢變寬。

POINT 在外緣暫停1秒再擠花，就能夠呈現花瓣的幅度。

C 從步驟**B**擠花回到中央，就完成了第1片花瓣。

D 緊鄰步驟**C**的旁邊，再開始擠出第2片花瓣。

E 同樣地再回到中央，完成第2片花瓣。

F 擠出第3片花瓣。

G 同樣地，繼續擠出第4、5片花瓣。

Pick up!

來個玫瑰花造型！
～認識造型

「造型」（modeling）
是以某個東西為模型，
做出相似的形體。
這裡介紹如何使用黏土皂
（硬皂→參照p.39）
來做出玫瑰花的造型。

玫瑰花（份量2朵）
……黏土皂20～30g

A 使用少量黏土皂捏製成水滴狀，作為玫瑰花蕊。

POINT 以這個花蕊為主，一一貼上花瓣。所以，花蕊越大，玫瑰花則越大朵。

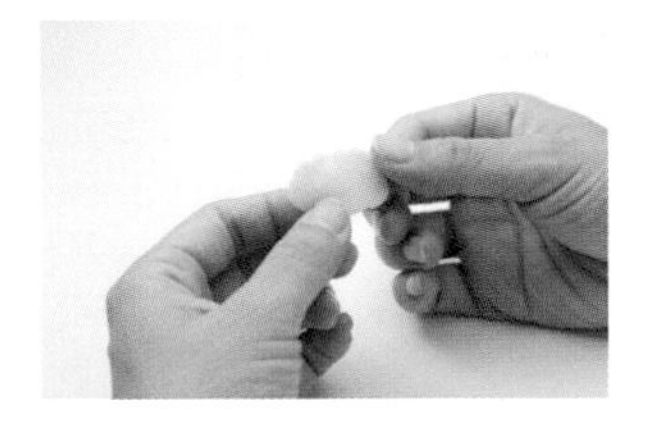

B 製作第1片花瓣。用指尖將少量的黏土皂按壓成橢圓形薄片。

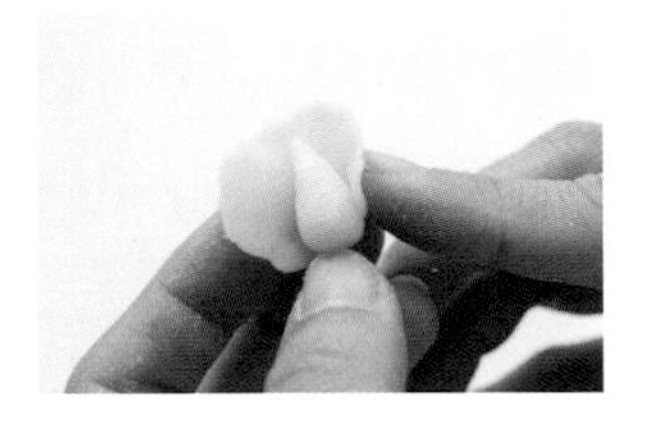

C 用**B**的薄片包裹**A**的花蕊，注意底部要牢固貼合。

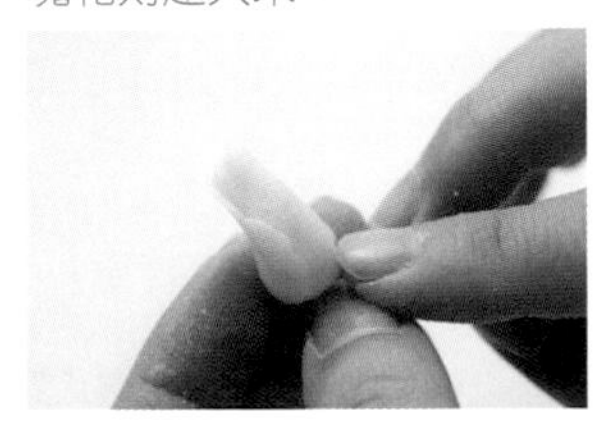

D 用**B**的薄片包裹**A**的花蕊一圈。

POINT 將花蕊完全隱藏住般，薄片兩端的銜接處呈現V字型。

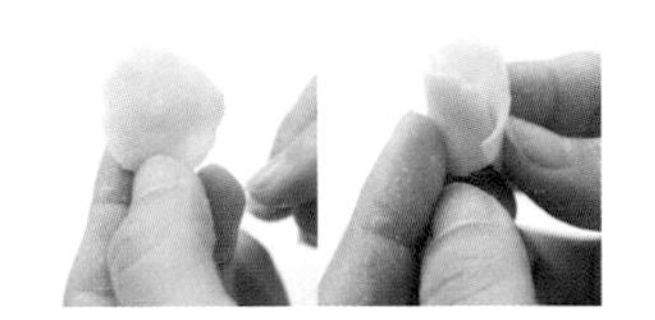

E 製作第2片花瓣。用指尖將少量的黏土皂按壓成圓形薄片，包裹**D**。

F 第3片花瓣的作法相同。貼合時，在像是要覆蓋住**E**的半邊花瓣的位置包裹上。

G 貼合花瓣的位置要與上一片稍微錯開，一片片添加上去。

H 當花朵呈現出喜愛的大小（照片是花芯＋7片花瓣）時，用竹籤將花瓣稍微向外捲，修飾形狀。

Arrange

用相同的手法變出不同的花朵！

有色彩層次感的薔薇
混合氧化鐵（紅）的黏土皂，花瓣顏色由深至淺地從中央向外側貼合，營造出層次感。

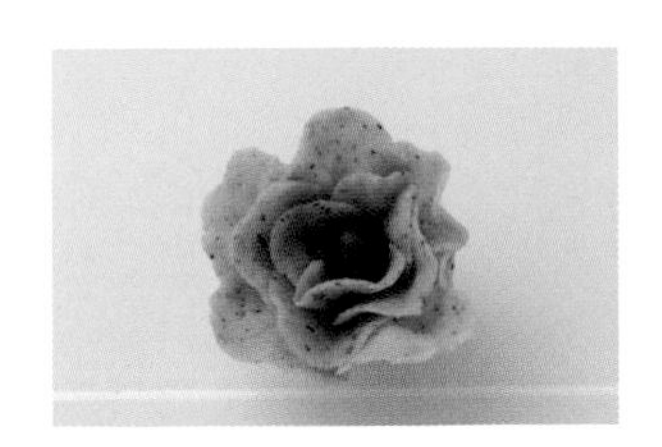

有皺褶花瓣的花朵
混合紫草根的黏土皂，中央的花蕊方向與製作玫瑰花時相反，尖端朝下，再一一將花瓣貼合。

03 AMERICAN COOKIES (→p.12)

美式餅乾

要做出酥脆口感的餅乾表面，用一支竹籤就可以辦到。

材料（直徑7cm／份量5片）

黏土皂……300g
- 米糠油……180g
- 椰子油……75g
- 棕櫚油……45g
- 氫氧化鈉……39g
- 純水……100g

玉米粉……適量

a：米糠……15g
可可粉……少許

b：可可粉……3g
杏仁果形狀的肥皂……1個
（→材料、作法請參照p.61）

c：米糠……15g
玫瑰果粉……少許

d：黑可可粉……3g

e：米糠……15g
薑黃粉……3g
燕麥片……少許

所需道具

竹籤
海綿

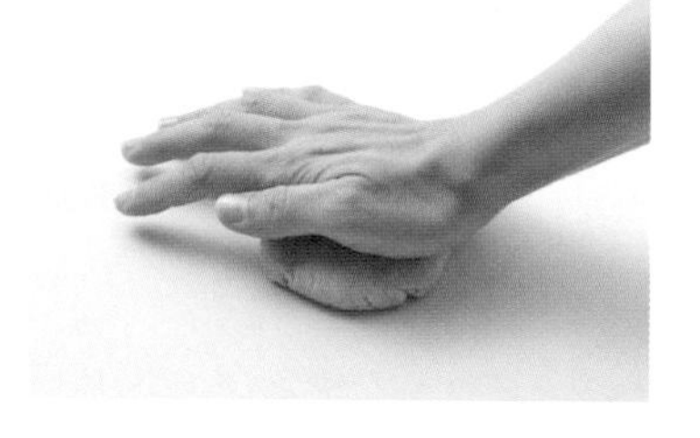

a1 將米糠與黏土皂55g混合揉捏。若水分較多，可撒入適量玉米粉揉捏均勻，讓皂糰的質地變硬一些，揉成球狀。

a2 用手掌心由上往下按壓步驟*a*1至1cm左右的厚度。

a3 用兩手將皂基周圍稍微往下壓，讓餅乾中央處隆起。

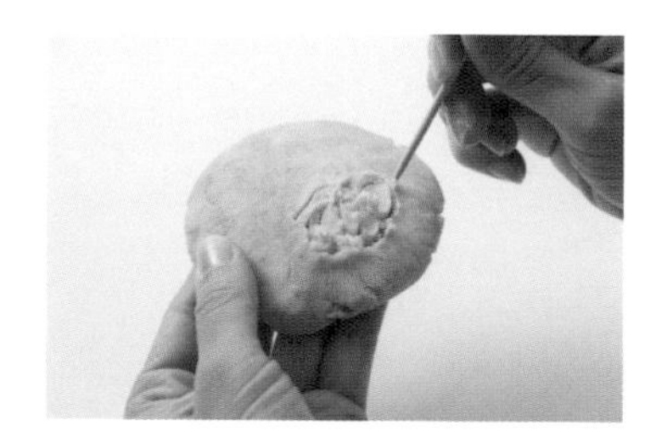

a4 在餅乾表面用竹籤刺出5mm深，日文的「の」字形，不斷地轉動刮劃。

a5 餅乾的整體表面用竹籤刮劃，不小心掉落的皂屑再放回餅乾上輕輕壓黏。

a6 刮劃完有點隆起的餅乾表面，再用大拇指輕輕按壓。

POINT 如果太過用力按壓，就會失去酥脆口感的效果，要注意喔！

a7 兩手握著餅乾慢慢往下掰開，出現縫隙，再掰回原位。以同樣方法多做幾個縫隙。

a8 將少量的可可粉與黏土皂10g混合揉捏，搓成細長狀，再分割成小塊揉成圓粒狀，用指尖壓平，作為巧克力粒。

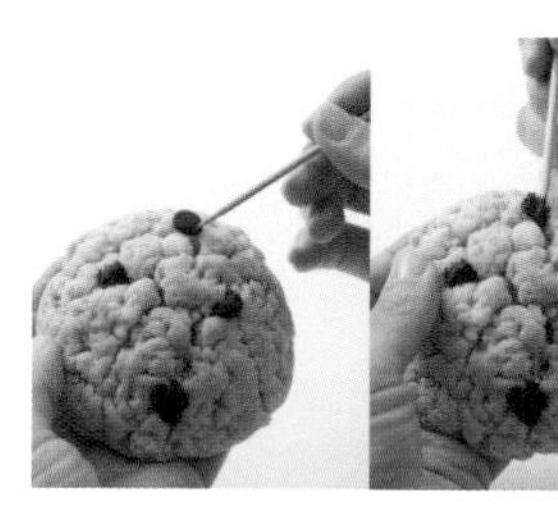

a9 用竹籤將步驟*a*8嵌入餅乾表面的縫隙處，使其融為一體。

POINT 把巧克力粒稍微壓扁，可以呈現出餅乾烤完後巧克力粒融化的模樣。

Pick up!（→請參照p.61）

b 將可可粉用水溶解後，與黏土皂55g混合揉捏，參照*a*1～*a*7製作餅乾。捏製出杏仁果形狀的香皂（參照下方），再嵌入餅乾的縫隙處，使其融為一體。

c 將米糠、玫瑰果粉與黏土皂55g混合揉捏，參照*a*1～*a*7製作餅乾。

d 將黑可可粉用水溶解後，與黏土皂55g混合揉捏，參照*a*1～*a*7製作餅乾。用黏土皂10g參照*a*8～*a*9製作出巧克力粒，再嵌入餅乾裡。

e 將米糠、薑黃粉與黏土皂55g混合揉捏，參照*a*1～*a*7製作餅乾。最後參照*a*9將燕麥片點綴上去。

Pick up!

來顆杏仁果吧

～認識造型

使用黏土皂（硬皂）製作杏仁果。
這裡是使用杏仁果碎粒，
即便如此，也是先做好整顆再切塊，
才會更像是真的杏仁果。

杏仁果（份量1顆）
……黏土皂3g

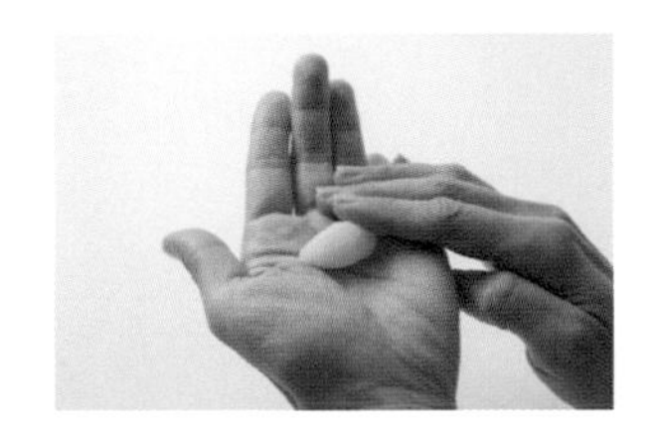

A 將黏土皂3g放一整晚使其乾燥，變成硬皂。當水分減少，皂基變硬，就可以捏製成杏仁果的形狀。

B 用竹籤尖端刻劃出杏仁果的線條。

C 可可粉用少量的水溶解後，用海綿為表面上色。

D 待上色的表面風乾後，切片並切成細塊狀。

Arrange

製作的杏仁果造型
也能在製作其他餅乾時
派上用場喔！

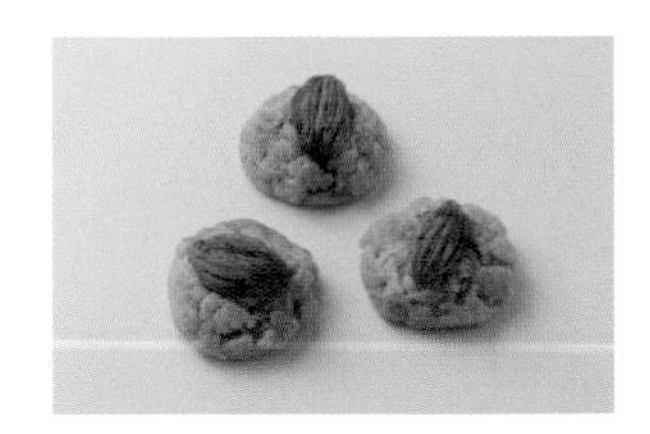

綜合餅乾（assorted cookies）
直接使用整顆杏仁果，放在餅乾上面裝飾。

焦糖杏仁餅乾（florentins）
將切片的杏仁果蓋滿四方形的皂基上，再塗抹上MP皂做出光澤感。

04 DOUGHNUT（→p.13）

a

甜甜圈

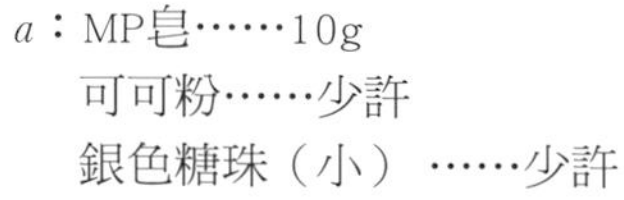

黏土皂製作有鮮奶油夾層的甜甜圈，再淋上MP皂做出不同的口味！

b

材料（直徑6cm／份量5個）

黏土皂……400g
- 米糠油……240g
- 椰子油……100g
- 棕櫚油……60g
- 氫氧化鈉……52g
- 純水……140g

米糠……75g
薑黃粉……少許
可可粉……少許

a：MP皂……10g
可可粉……少許
銀色糖珠（小）……少許

b：MP皂（白）……10g
氧化鐵（紅）……少許
七彩糖針……少許

c：MP皂（白）……10g
氫氧化鉻（綠）……少許
可可粉……少許
艾草粉……少許
七彩糖粒（圓）……少許

d：即溶咖啡粉……少許
杏仁果形狀的肥皂……1個
（→材料、作法請參照p.61）
玉米粉……少許

e：活用*a*～*d*製作的鮮奶油狀黏土皂

所需道具

海綿
麵糰切刀
擠花袋
星形花嘴、細圓形花嘴
湯匙
竹籤
濾茶網

c

d

e

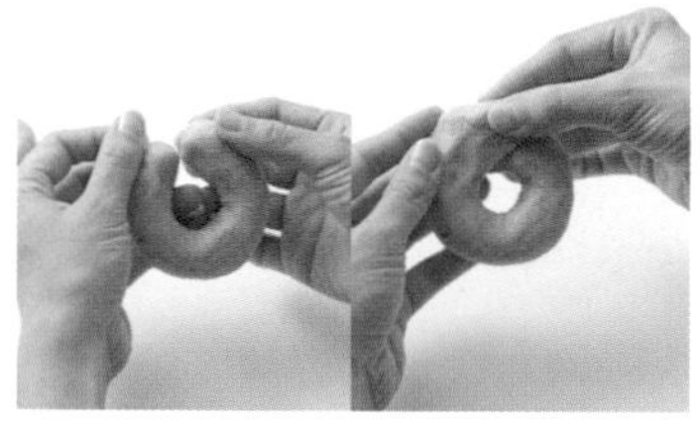

a1 將米糠、薑黃粉與黏土皂300g混合揉捏，以75g為單位均分成小塊。搓揉成粗繩狀，將兩端連在一起呈圓圈狀，用手指將銜接處搓揉至表面平滑。

a2 把手指頭穿過步驟*a*1的圓洞，旋轉晃動，讓圓洞的形狀變得更圓。

a3 用指尖按壓圓洞的弧度，呈現美麗的圓弧。

a4 將薑黃粉和可可粉用純水（份量外）溶解後，用海綿來上色。包含圓洞部分，為整體均勻上色，稍微靜置一下使其乾燥。

a5 用麵糰切刀橫向切半。

POINT 如果皂糰太軟，可能會破壞形狀。因此，建議放一個晚上直到變硬。

a6 把黏土皂100g製成鮮奶油狀（參照p.39），在甜甜圈的斷面用星形花嘴擠花（使用20g）。

*a*7 把上半部疊上去，注意不要壓壞鮮奶油。

POINT 把上半部疊上去的時候，為了讓正面的奶油可以清楚呈現，後面可以稍微壓深，正面則用淺一些。

*a*8 MP皂加熱溶解後，與可可粉混合，再用湯匙舀取澆淋在步驟*a*7上面。

*a*9 撒上銀色糖珠裝飾即完成造型，之後等待乾燥。

*b*1 參照步驟*a*1～*a*5，製作甜甜圈的形狀。從步驟*a*6取出20g的鮮奶油，與氧化鐵（紅）均勻混合後擠花（參照*a*6）。MP皂加熱溶解後，與氧化鐵（紅）混合，由上澆淋。

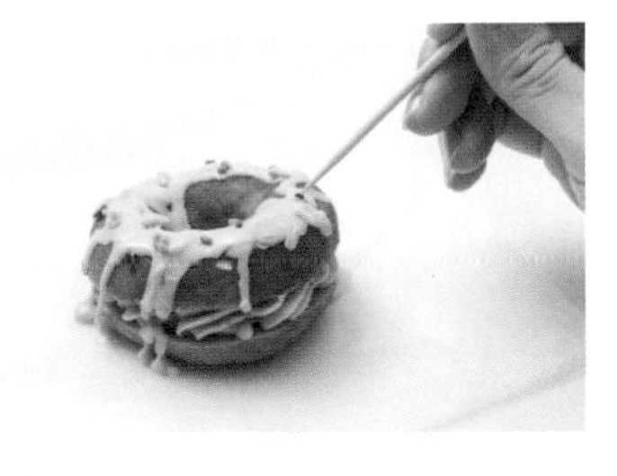

*b*2 撒上七彩糖針裝飾即完成造型，之後等待乾燥。

c 參照*a*1～*a*9製作甜甜圈。從步驟*a*6取出20g的鮮奶油，與艾草粉均勻混合後擠花，作為夾層。用氫氧化鉻（綠）與可可粉混合著色的MP皂由上澆淋，點綴上彩色糖粒即完成造型，之後等待乾燥。

d 參照*a*1～*a*7製作甜甜圈。從步驟*a*6取出20g的鮮奶油，與即溶咖啡粉均勻混合後擠花，作為夾層，上層表面再塗抹一些。上面撒上杏仁果的肥皂碎塊，接著用濾茶網篩些玉米粉點綴。

e 參照*a*1～*a*7製作甜甜圈。將步驟*a*與*d*使用的鮮奶油混合後擠花，作為夾層。在步驟*a*～*d*的造型裝飾上使用到的鮮奶油，用細圓型花嘴擠花做裝飾。

05 STRAWBERRY SHORT CAKE (→p.14)

草莓蛋糕

使用黏土皂與MP皂製作海綿蛋糕和夾層，一層層疊好後，在上面做裝飾。

材料（7×6×14cm／份量1個）

黏土皂……400g
- 米糠油……240g
- 椰子油……100g
- 棕櫚油……60g
- 氫氧化鈉……52g
- 純水……140g

米糠……20g
薑黃粉……3g
玉米粉……50g
MP皂……100g
氧化鐵（紅）……藥匙3匙
艾草粉……少許
草莓形狀的肥皂……4個
（→材料、作法請參照p.86）

所需道具

擀麵棍
木條（1cm、3cm）
麵糰切刀
長方形蛋糕模（20×70×6cm）
水彩筆
擠花袋
星形花嘴、葉齒花嘴

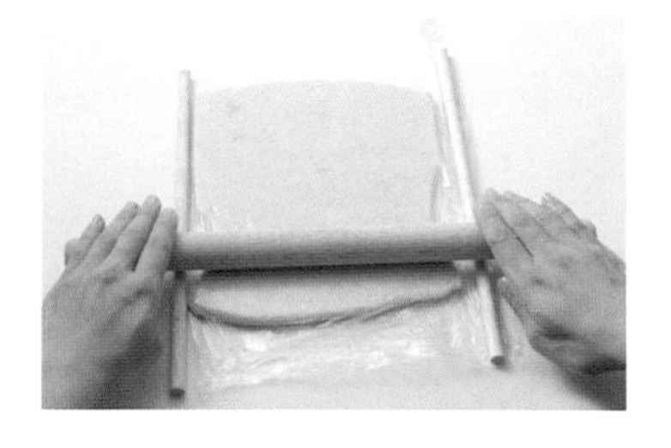

1 將米糠、薑黃粉與黏土皂200g混合揉捏，用擀麵棍擀成厚度1cm的長方形。

POINT 使用木條架住擀平，厚度會比較平均。

2 從步驟1切出3片7×14cm的長方形，作為海綿蛋糕的部分。

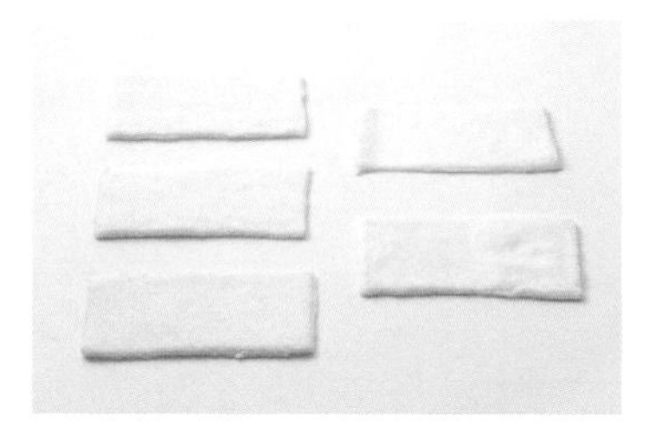

3 製作奶油夾層。將玉米粉與黏土皂50g玉米粉混合揉捏至變白為止，擀成厚度3mm的薄片，切出5片7×14cm的長方形。

4 製作草莓醬夾層。MP皂加熱溶解後，與氧化鐵（紅）混合，將一半的份量倒入長方形蛋糕模內，等候凝固。

5 剩下的一半MP皂液也同樣入模凝固，製作2片7×14cm的草莓夾層。

6 將2、3、5重疊，做成夾層蛋糕的形狀。2的表面要塗抹薄薄的一層純水（份量外）。

POINT 接觸面沾濕的話，皂與皂之間容易緊密貼合。

7 在2（海綿蛋糕）上面，疊上3（鮮奶油層）和5（草莓醬層）。

8 疊好之後，用手掌輕輕由上往下按壓，使其密合。

9 突出的部分用麵糰切刀切除。按照海綿蛋糕→鮮奶油層→草莓醬層→鮮奶油層→海綿蛋糕→奶油層→草莓醬層→鮮奶油層→海綿蛋糕的順序疊放。

Pick up!（→請參照p.65）

10 把黏土皂100g製成鮮奶油狀（參照p.39），再用星形花嘴擠出如圖所示的圖案。

POINT 擠花裝飾的部分，不要出現縫隙會比較漂亮。

11 把黏土皂50g製成鮮奶油狀（參照p.39），摻入艾草粉均勻混合，再用葉齒花嘴擠出葉子形狀。

12 將草莓形狀的香皂放在葉子上面即完成造型，之後等待乾燥。

Pick up!

用花嘴擠出葉片吧

～認識擠花

「擠花」（piping）
是擠出鮮奶油圖案或花紋的意思，
使用不同造型的花嘴，
可以呈現出多采多姿的變化，
也提高了裝飾的可能性。
這裡介紹葉子形狀的畫法。

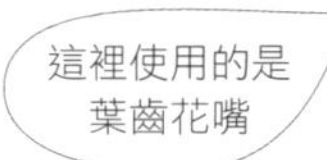

A 一開始要擠得寬一點，接著再逐漸縮窄變細，控制力道的大小慢慢擠花。

B 擠好後，將握緊擠花袋的手鬆開，輕快地往上拉。

C 用手指修飾一下收尾，葉子形狀的擠花就完成了。

VARIATION!

利用不同的花嘴，
描繪出不同的葉子吧！
這裡用的是細圓形花嘴。

先畫出一條縱向長線作為主葉脈，兩側再依序畫上小小的葉片。

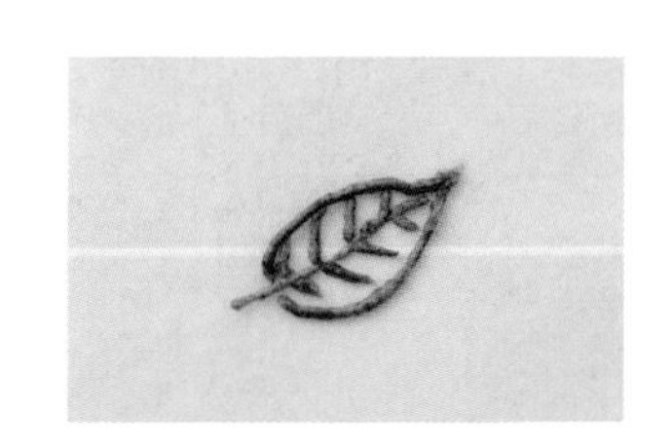

用擠花直接畫出一片葉子的形狀。

06 ROLL CAKE (→p.15)

捲心蛋糕

捲心的造型，只有黏土皂能夠辦到！

材料（7×5×12cm／份量1條）

黏土皂……600g
- 米糠油……360g
- 椰子油……150g
- 棕櫚油……90g
- 氫氧化鈉……79g
- 純水……210g

薑黃粉……1g
氧化鐵（紅）……少許
粉紅石泥粉……少許
可可粉……適量
米糠……10g
草莓形狀的肥皂……2個
（→材料、作法請參照p.86）
藍莓形狀的肥皂……4個
（→材料、作法請參照p.91）

所需道具

擀麵棍
海綿
水彩筆
木條（1cm）
抹刀
擠花袋、星形花嘴
保鮮膜、竹簾
刨絲器

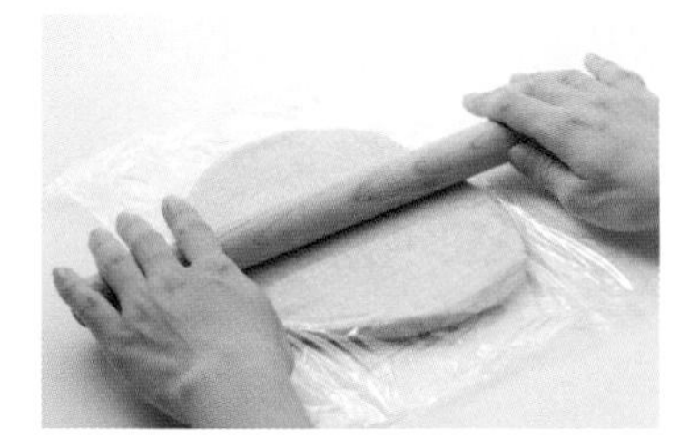

1 將薑黃粉與黏土皂300g混合揉捏。把皂糰放到保鮮膜上，上面也用保鮮膜蓋住，用擀麵棍擀成厚度1cm的橢圓餅狀。

2 撕開上面的保鮮膜，想像要做出長方形的海綿蛋糕，將各邊往內摺。

POINT 比起直接切出長方形的形狀，步驟**2**較有蓬鬆感，感覺比較美味。

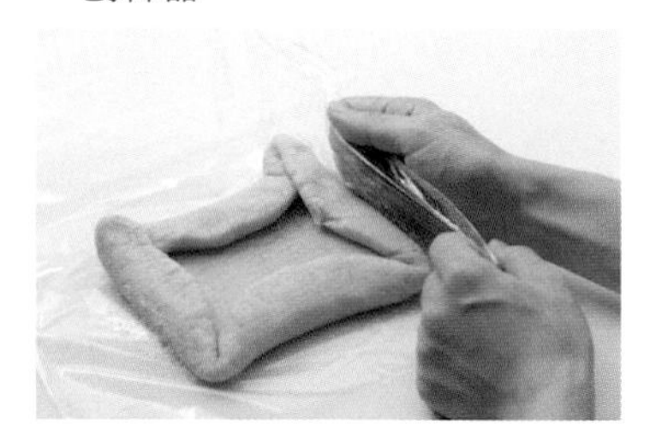

3 四邊往內摺的狀態。

4 上面蓋上保鮮膜，再次用擀麵棍擀平，一邊擀一邊留意要擀成長方形，用成20×12cm的長方形。

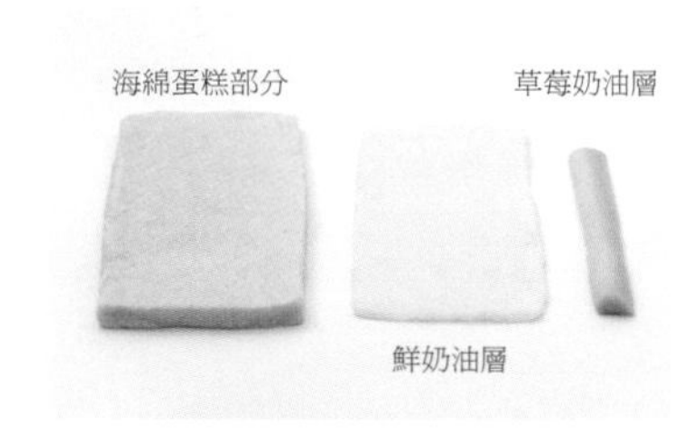

5 用黏土皂100g製作比**4**還要小一號的長方形。接著用黏土皂50g與粉紅石泥粉混合，搓揉出半滴型（水滴狀切半）的長條棒狀。

6 將可可粉用純水（份量外）溶解後，用海綿為步驟**4**的表面上色，等候乾燥，呈現出捲心蛋糕烤過的顏色。

7 將氧化鐵（紅）用純水（份量外）溶解後，用水彩筆為步驟**5**的草莓奶油層表面上色，等候乾燥。

POINT 用水彩畫法上色（參照p.48）。

Pick up! （→請參照p.67）

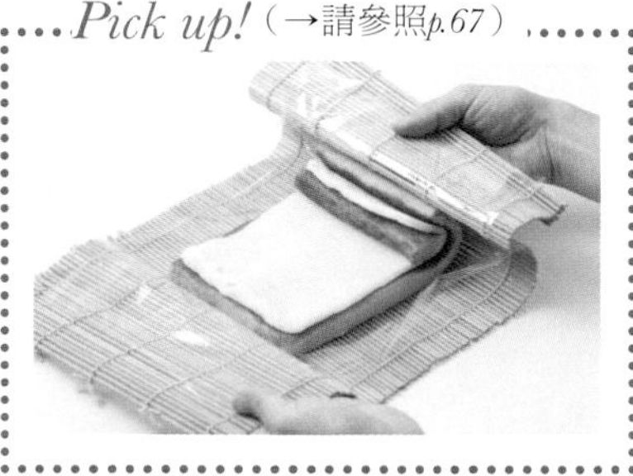

8 在竹簾上將3個部分層層疊放，一起捲起來，捲口朝下，等候乾燥。

9 製作裝飾用的杏仁果。將米糠與黏土皂（硬皂）50g混合揉捏，捏成一塊，再使用刨絲器刨成顆粒狀。

10 決定杏仁果碎粒和水果裝飾的擺放位置。可以用木條等工具來做記號。

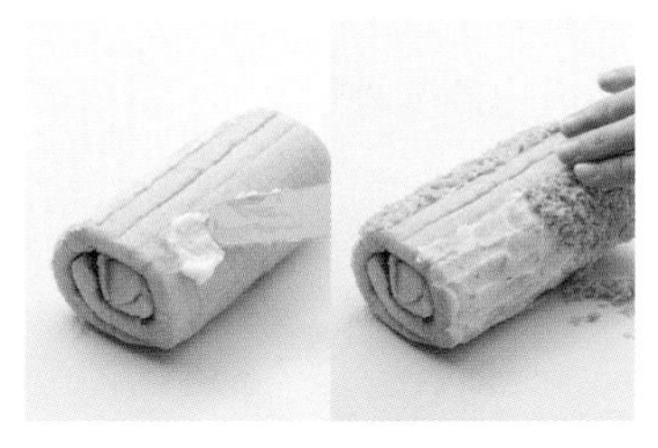

11 把黏土皂100g製成鮮奶油狀（參照p.39），用抹刀塗抹在做了記號的上面，再鋪滿**9**的杏仁果碎粒。

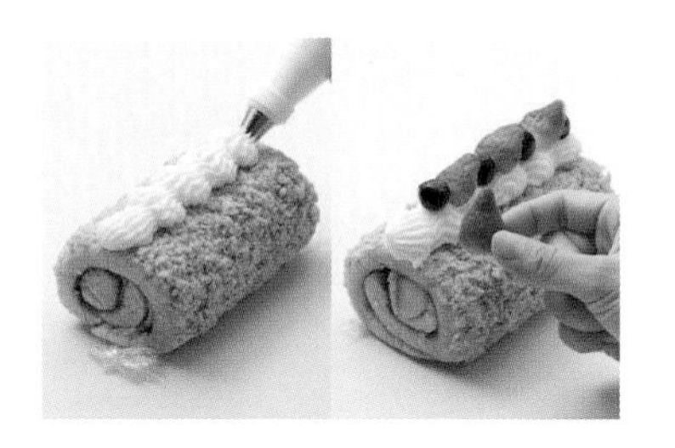

12 將步驟**11**剩餘的鮮奶油放入擠花袋，用星形花嘴在上面擠花，再排列好切半的草莓和藍莓粒即完成造型，等候乾燥。

Pick up!

把皂糰變成捲心蛋糕吧
～認識捲心

「捲心」（rolling）
就是像捲心蛋糕一樣，
把皂糰捲成漩渦狀，
這裡介紹使用竹簾的捲法。

A 在竹簾上鋪上保鮮膜，為了要讓成品的外側可以與內部密合，依序疊放時一邊輕輕按壓。

B 從一端開始捲起，捲的時候注意不要出現空隙，稍微往自己的方向拉回。

C 決定好中心部分，先按壓緊實。

D 慢慢捲，注意不要出現空隙。

E 捲到尾端的狀態。

F 把捲口朝下，再一次蓋上竹簾，用兩手將形狀調整好。

G 當形狀確定後，將側面朝下，從距離桌子約5cm高的高度輕輕落下，反覆數次，這樣可以使裡面的材料更加密實，另一端側面也是相同作法。

H 用竹簾再次固定捲心蛋糕形狀之後，把捲口朝下，等候乾燥。

07 APPLE TART （→p.16）

蘋果塔

使用甜點烘焙用的塔模，享受水果切片的樂趣，製作一個完整的水果塔。

材料（直徑17cm／份量1個）

黏土皂……400g
- 米糠油……240g
- 椰子油……100g
- 棕櫚油……60g
- 氫氧化鈉……52g
- 純水……140g

米糠……50g
肉桂粉……10g
薑黃粉……1g
MP皂……20g
蘋果形狀的香皂……1個
（→材料、作法請參照p.89）

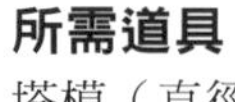

所需道具

塔模（直徑15cm）
麵糰切刀
擠花袋
圓形花嘴
雕刻刀
水彩筆

Pick up! （→請參照p.69）

1 將米糠、肉桂粉與黏土皂200g混合揉捏，製作塔皮並等候乾燥。

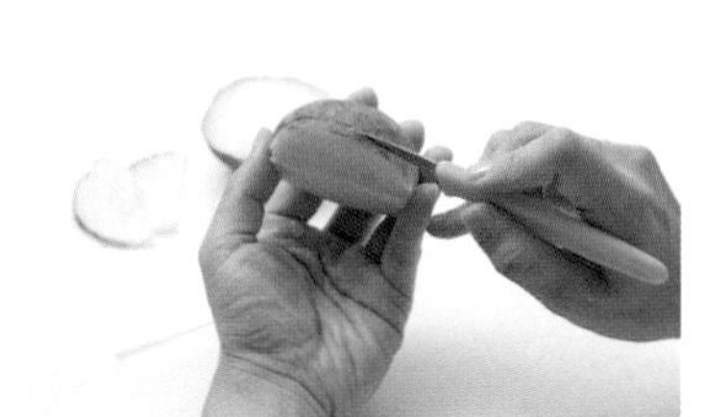

2 將蘋果形狀的肥皂切半，用雕刻刀切瓣，約寬3mm程度的薄片。

POINT 切完一片之後，將刀子擦拭乾淨再切，就可以切出美麗的薄片了。

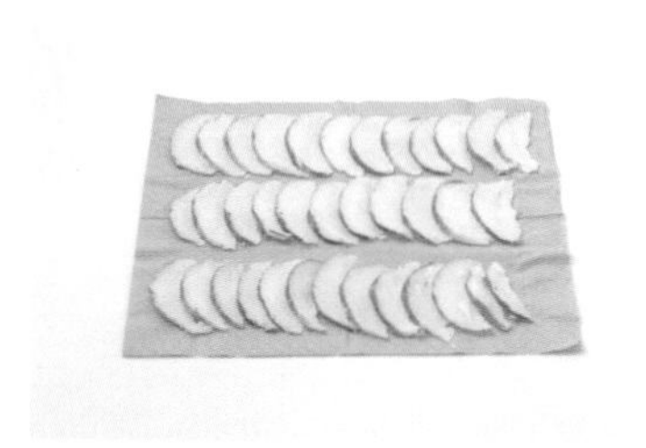

3 總共準備35～40片左右。

4 把黏土皂200g製成鮮奶油狀（參照p.39），摻入薑黃粉均勻混合，使用寬口圓形花嘴，在**1**的塔皮裡面，擠出如圖所示的漩渦狀內餡。

5 將**3**的蘋果薄片從外側開始排列，建議盡量以相同間隔並且稍微重疊的方式來排列。

6 排完一圈之後，將最後一片的重疊部分塞入第一片的下面。

7 在**6**的內側，從中心點呈現放射狀般，再排列第二圈，因為中心排了好幾片，所以高度上會稍微突出。

POINT 每一片確實與前片貼合，整齊排列。

8 將MP皂加熱溶解後，用水彩筆塗抹在蘋果塔上呈現光澤即完成造型，之後等待乾燥。

Pick up!

製作塔皮
～認識成型

成型（molding）
是指利用模具讓皂液成型。
將CP皂或MP皂倒入模具
直到凝固也是成型的方法之一，
這裡介紹使用黏土皂
製作塔皮的作法。

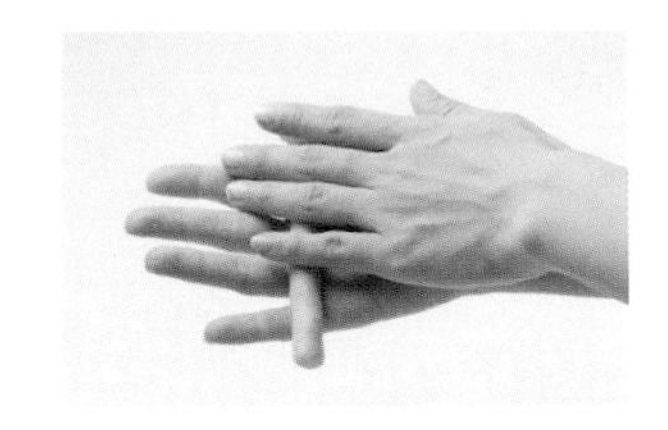

A 將黏土皂搓揉成直徑1cm左右的繩狀，方便製作的適當長度即可。

B 在塔模裡鋪上保鮮膜，從中央開始捲成漩渦狀，直到鋪滿整個塔模。

POINT 如此一來，可以使皂基大小均一放置，同樣厚度比較不會出現凹凸不平的狀況。

C 底部鋪滿之後，側邊只要再繞一圈即可。如圖所示，鋁箔塔模上面留一些空白，不要完全蓋住。

D 用手掌心將皂基壓平，使其與塔模完全密合。

POINT 從中央往外施力。

E 盡量不要讓角落和側邊出現空隙，按壓時要相當細心。塔皮經過擠壓，可能會突出到塔模側邊的外面。

F 步驟**E**中突出的塔皮，用麵糰切刀往塔模外側方向來切除乾淨。

G 從塔模取出塔皮，放到蛋糕散熱架（cake cooler）等上面，放在通風處等候乾燥。如果是用手拿也不會破壞形狀的硬度，就可以前往p.68的步驟**4**。

成型的技巧也可以在製作這樣的小點心時使用喔！

格子鬆餅
為了讓格子鬆餅的模樣清晰可見，黏土皂用鬆餅模具成型時，要按壓緊實。

鯛魚燒
因為形狀細緻，所以盡量使用薄的保鮮膜，皂基稍微突出模子外側，會更像是真的鯛魚燒喔。

08 MINI FRUITS TART (→p.17)

迷你水果塔

如果有多餘的水果造型皂，可以搭配個人喜好製作迷你水果塔喔！

材料（直徑3cm左右的塔皮／份量10個）

CP皂……200g
- 米糠油……120g
- 椰子油……50g
- 棕櫚油……30g
- 氫氧化鈉……26g
- 純水……70g

黑可可粉……5g
米糠……20g

黏土皂……100g
- 米糠油……60g
- 椰子油……25g
- 棕櫚油……15g
- 氫氧化鈉……13g
- 純水……35g

MP皂……10g
喜愛的水果……適量
（→材料、作法請參照p.86～91）

所需道具
迷你塔模
湯匙
擠花袋
星形花嘴
水彩筆
刀子

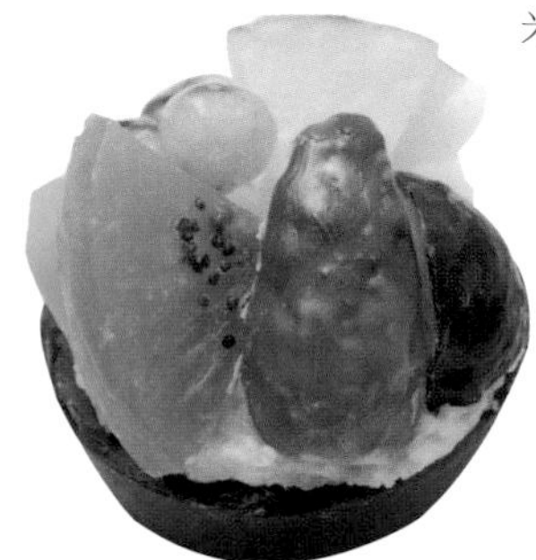

1 將CP皂各分為100g，分別與黑可可粉和米糠混合後，倒入模具，等待熟成。凝固後脫模取出，用湯匙稍微在內側挖個淺坑。
POINT 稍微挖個淺坑，鮮奶油就不易滑落。

2 把黏土皂製成鮮奶油狀（參照p.39），如圖所示擠出奶油花。花嘴可以使用星形花嘴或是不用花嘴，直接從擠花袋隨意擠出形狀也OK。

3 將喜愛的水果造型切成小塊，在這裡是使用醋栗、芒果、草莓、奇異果、葡萄、蘋果、洋梨。

4 將水果切片放到步驟**2**上面。
POINT 先決定好正面位置，裝飾技巧是從前面的水果開始擺放，並且稍微看得到後面的水果。

5 擺放完水果之後，確認整體的觀感，再調整在意的部分。

6 為了呈現光澤感，將MP皂加熱溶解後塗抹在水果上，等候乾燥。

09 MACARON (→p.18)

(→p.18)

馬卡龍

把喜愛的素材與黏土皂混合揉捏，享受色彩繽紛的視覺效果吧。

材料（份量8個）

黏土皂……200g
- 米糠油……120g
- 椰子油……50g
- 棕櫚油……30g
- 氫氧化鈉……26g
- 純水……70g

喜愛的素材……各適量
薑黃粉 → 黃
氫氧化鉻（綠）→ 綠
群青（藍）→ 水藍色
紅麴粉 → 粉紅
可可粉 → 褐色
群青（藍）+氧化鐵（紅）→ 淡紫色

所需道具

擀麵棍
鋼絲切皂器
竹籤
擠花袋
星形花嘴

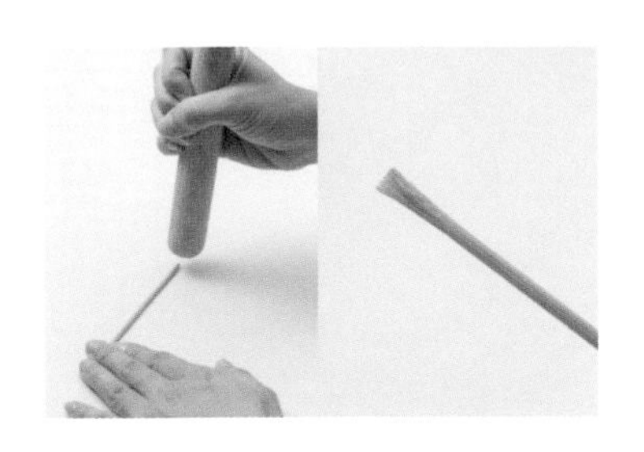

POINT 為了製作馬卡龍的蕾絲裙邊，先將竹籤加工。用擀麵棍等敲擊竹籤較粗的那端，成為掃帚狀，接著用水洗掉碎屑，讓它吸水。

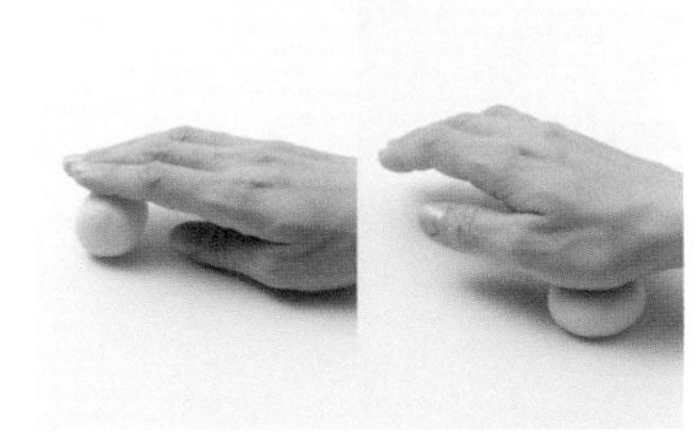

1 取黏土皂160g，分別按20g均分小塊，各自與喜愛的上色染料混合揉捏（上圖為使用薑黃粉），揉成圓柱形，從手掌心由上往下按壓。

2 用手指修飾側邊的弧度，作出馬卡龍的形狀。

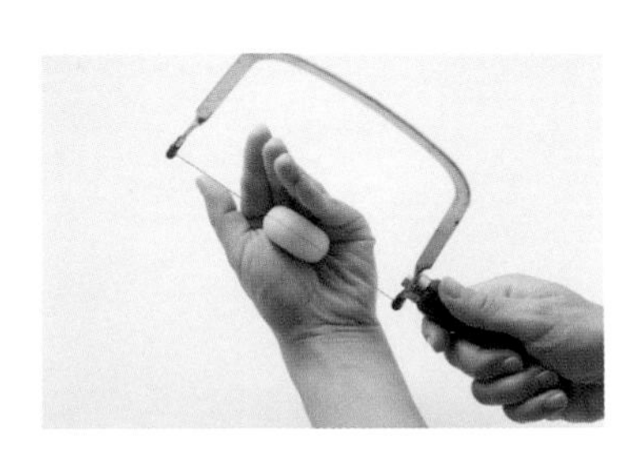

3 用手掌心拿著固定住，橫向切半，分成上下兩片。

POINT 使用的刀刃必須很薄，不然切開時可能會破壞形狀。

4 製作蕾絲裙邊的部分。竹籤的呈掃帚狀且吸水的一端，稍微把水分擦拭掉，輕輕地掃過其中一片斷面處的側邊，環繞一圈。

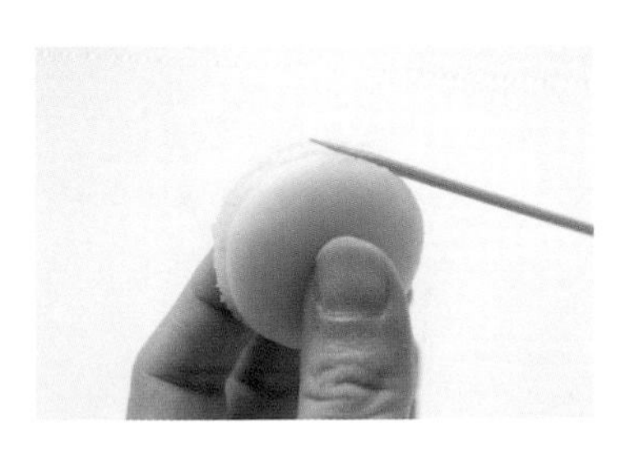

5 將竹籤的尖端斜放，輕壓步驟**4**的上面，有漂亮的蕾絲裙邊會更像真的馬卡龍。

6 最後再次進行步驟**4**，修飾蕾絲裙邊。

7 另一片也要做出蕾絲裙邊的部分。

8 把黏土皂40g製成鮮奶油狀（參照p.39），再用星形花嘴在底部那片的上面擠花，將另一半疊放上去後即完成造型，等候乾燥。

10 LOLLIPOP & SPIRAL CANDY (→p.19)

棒棒糖

在黏土皂製成的大理石紋糖果上，再用MP皂的可愛點點來裝飾吧！

a *b* *c* *d*

材料（可愛點點的藍色棒棒糖10支）

黏土皂……120g
- 米糠油……72g
- 椰子油……30g
- 棕櫚油……18g
- 氫氧化鈉……16g
- 純水……42g

a：MP皂……10g
群青（藍）……少許

b：MP皂……少許
氧化鐵（紅）……少許

c：MP皂……10g
氫氧化鉻（綠）……少許
薑黃粉……少許

d：MP皂……少許
薑黃粉……少許
氫氧化鉻（綠）……少許

所需道具

藥匙
尖嘴鑷
糖果棒
烘焙紙

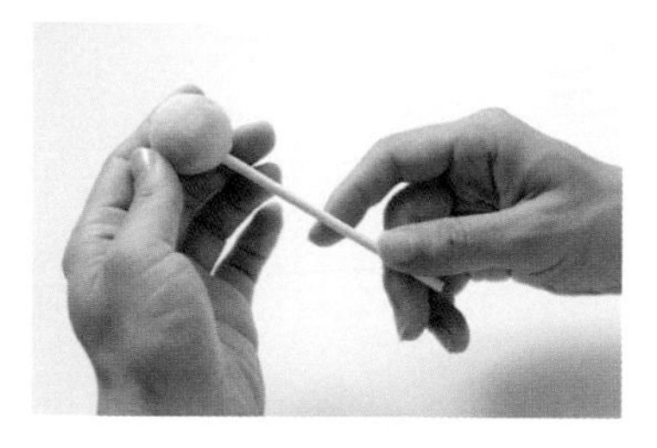

1 將黏土皂分別按6g均分為小塊，將其中的一半上色，加上白色皂糰的6g，製作一支合計12g的棒棒糖。

2 將**1**的上色皂糰與白色皂糰混合，揉捏成大理石紋的圓球狀。

POINT 兩色不要混合過於均勻，才能呈現出大理石紋。

3 決定一個可以看清楚部分大理石紋的角度，再插入糖果棒。

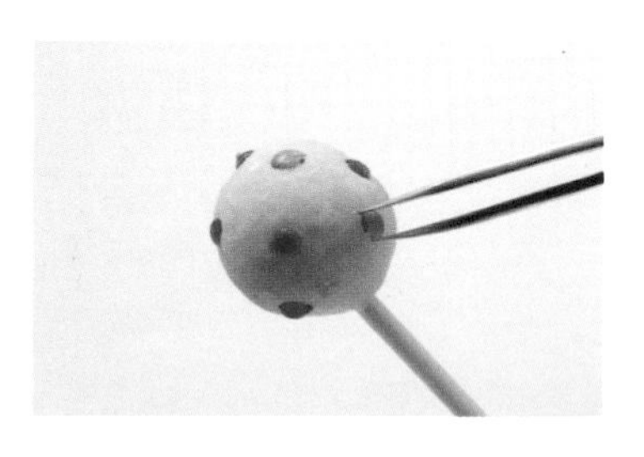

4 MP皂加熱溶解後上色。用藥匙舀起MP皂液垂滴在烘焙紙上，一滴一滴的。凝固後剝開。一顆糖果大約製作13個點點。

5 用尖嘴鑷夾取步驟4的點點，放到步驟3上面。

6 讓點點呈現均勻分布，決定好位置後，用純水（份量外）沾溼接觸面，再用指尖輕輕按壓貼合，使其不易剝離。

旋轉棒棒糖

將黏土皂搓揉成長條狀後捲一捲，就是簡單可愛的旋轉棒棒糖了。

材料（份量8個）

黏土皂……120g
- 米糠油……72g
- 椰子油……30g
- 棕櫚油……18g
- 氫氧化鈉……16g
- 純水……42g

酸化鐵（紅）……少許
氫氧化鉻（綠）……少許
群青（藍）……少許

所需道具

水彩筆
糖果棒

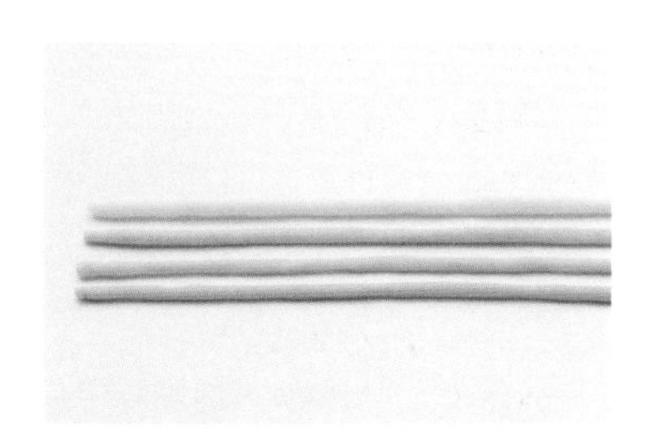

1 將黏土皂分為4等分，其中的3等分，分別用氧化鐵（紅）、氫氧化鉻、群青來上色，在搓揉成直徑5mm左右的細長繩子狀。

2 因為要將4條皂條結合成1條，所以用純水（份量外）沾溼接觸面，貼合後比較不易剝離。

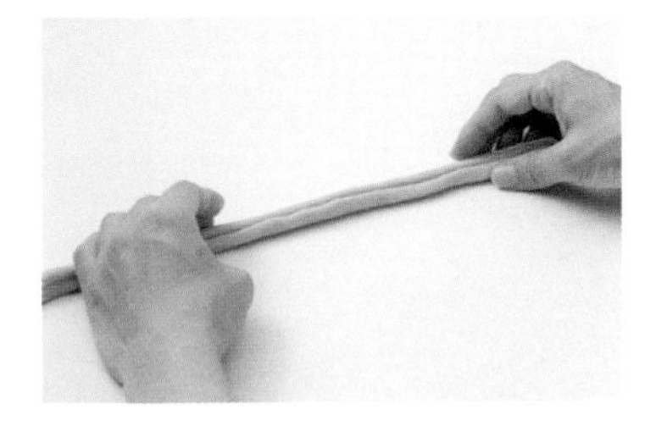

3 將4條皂條結合成1條，注意不要太過用力，以免破壞形狀。

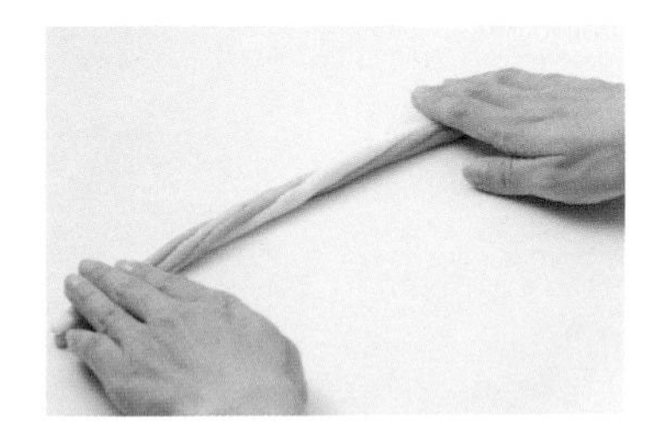

4 轉動**3**，一邊維持圓條狀，一邊讓顏色呈螺旋狀。

5 從一端開始捲，先捲成圓形。

6 繼續往前捲到底，注意中途不要出現空隙。

7 捲口部分稍微用手指按壓修飾，使其從正面看起來是圓的。

8 捲口朝下，將糖果棒插入。

11 CRANBERRY PIE & PEAR PIE (→p.20)

蔓越莓派&洋梨派

黏土皂做出酥脆的派皮，上面的裝飾可依個人喜好來搭配。

材料（份量2個）

黏土皂……200g
- 米糠油……120g
- 椰子油……50g
- 棕櫚油……30g
- 氫氧化鈉……26g
- 純水……70g

薑黃粉……少許
可可粉……少許
黑可可粉……少許
洋梨切片形狀的肥皂……4～5片
（→材料、作法請參照p.89）
蔓越莓形狀的肥皂……10顆
（→材料、作法請參照p.90）

所需道具

海綿
水彩筆
布巾
擠花袋
星形花嘴
竹籤

1 將黏土皂分別揉成2個各90g的球狀皂糰，用手掌心往下壓平。

POINT 壓平的厚度大概是1cm左右。

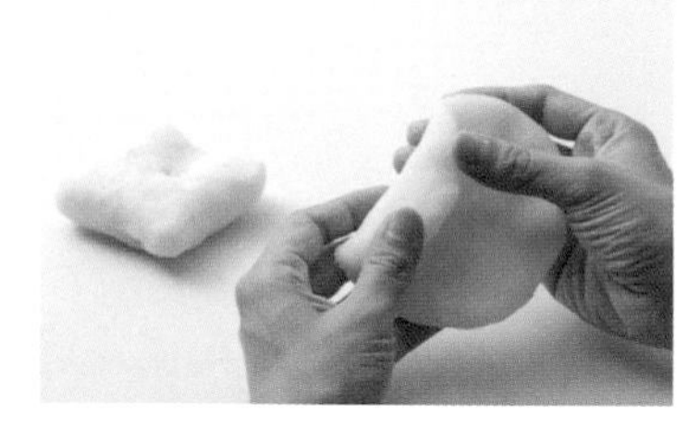

2 將皂糰捏製成菱形。首先，將兩側往內摺，使其左右對稱。

3 再將另外兩側往內摺，蓋到**2**的上面，使形狀接近菱形。

4 用手指將摺疊部分捏壓平順，修整形狀。

5 中央稍微凹陷的感覺，周圍則是蓬鬆突起。要放上裝飾的地方，表面不太平整也OK。

Pick up! （→請參照p.75）

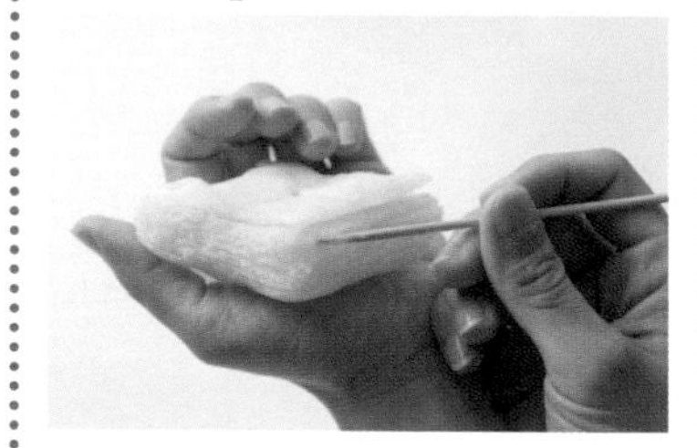

6 用竹籤刻劃出派皮的層次感。

7 混合薑黃粉和可可粉，用少量的純水（份量外）溶解後，用海綿將步驟6的派皮整體上色。

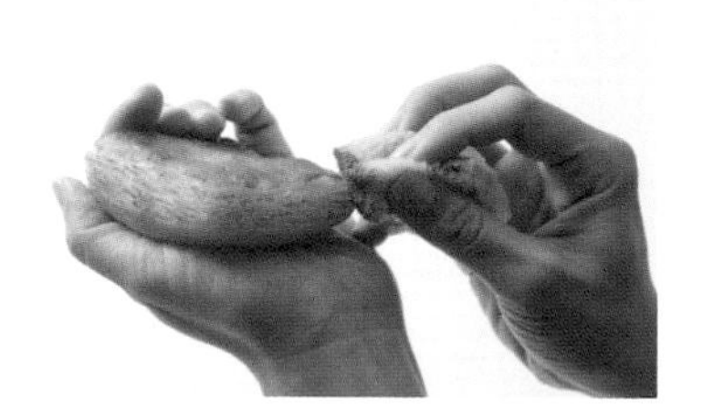

8 將派皮整體上色之後，四個角再上色一次，呈現出派皮薄的焦黃部分。

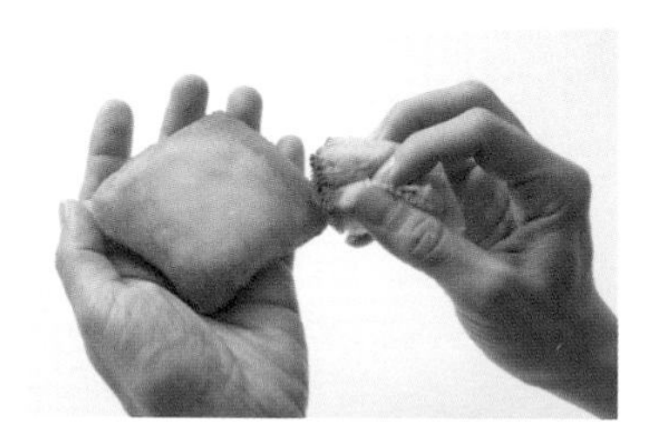

9 底部只要在周圍上色即可。

10 將裝飾的洋梨塗上焦黃色。將可可粉和黑可可粉用微量的純水（份量外）溶解，用水彩筆沾上上色素材，稍微用布巾將水分擦掉，在用水彩筆在邊緣上色。

11 取**9**的其中一片派皮，將**10**的切片洋梨整齊排列即完成造型，等候乾燥。

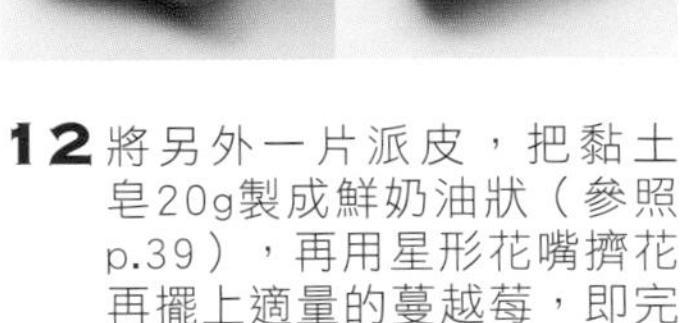

12 將另外一片派皮，把黏土皂20g製成鮮奶油狀（參照p.39），再用星形花嘴擠花再擺上適量的蔓越莓，即完成造型，等候乾燥。

Pick up!

製作有層次感的派皮

～認識刻劃

用竹籤刻劃（scratch）皂糰，
表現出派皮的層次感。
在尚未著色的黏土皂側邊刻劃線條，
表面再塗上焦黃色，
呈現出派皮內外的色差，
外觀就跟真的一樣了。
若使用雕刻刀的話，
就更能表現出纖細的層次感。

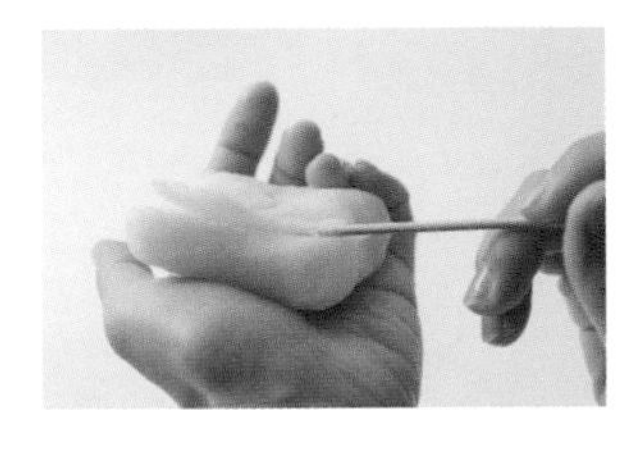

A 接近表面處用竹籤刻劃線條，劃深一點且確實，讓邊緣處有稍微掀起來的感覺。

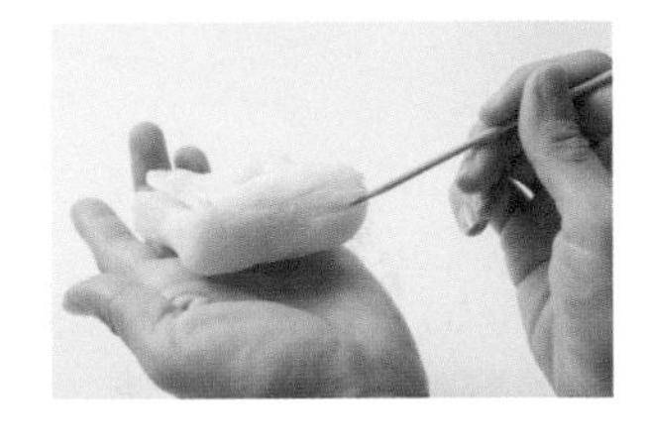

B 在側邊刻劃出幾條較深的線條。

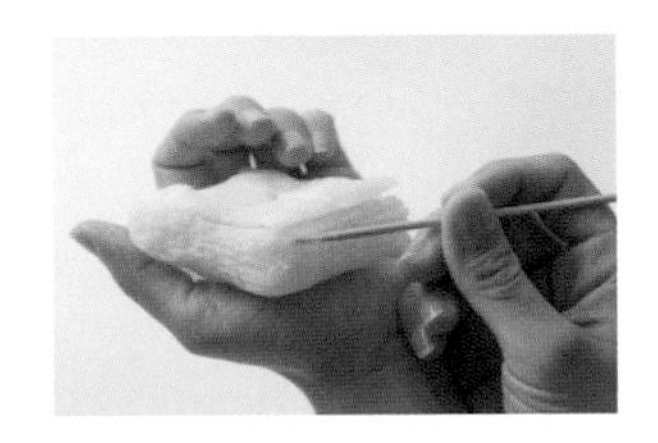

C 再補上一些淺的線條，注意不要破壞到**A**與**B**的線條。

VARIATION!

用一樣的派皮，
做出不同口味的裝飾變化吧！

巧克力杏仁果派
MP皂加熱溶解後與可可粉混合，就像巧克力醬一樣，在派皮上淋得滿滿的。上面擺上一些混合可可粉的黏土皂（硬皂）削片，最後再篩上一些玉米粉。

藍莓派
蔓越莓派的上面改為藍莓香皂（參照p.91），裝飾時，堆疊出一些高度比較漂亮。

12 HOT CAKE（→p.21）

鬆餅

用黏土皂製作鬆餅層層堆疊，再淋上MP皂的糖漿，可口的鬆餅塔就完成了。

材料（直徑7.5cm／份量4片）

黏土皂……400g
- 米糠油……240g
- 椰子油……100g
- 棕櫚油……60g
- 氫氧化鈉……52g
- 純水……140g

MP皂……30g
薑黃粉……少許
可可粉……少許

所需道具

海綿
竹籤
麵糰切刀
烘焙紙

1 只要留下最後作為奶油（約10g）的黏土皂，其他的全部與薑黃粉混合揉捏。

2 將**1**分成4等分，用手掌心搓揉成球狀。

3 將**2**揉壓成圓柱狀，將圓形那面朝下放置，如圖所示。

4 用手掌心將**3**由上往下壓平至厚度1cm的圓餅狀。

POINT 先將皂糰做成圓柱狀後再壓平，側邊的厚度較明顯，完成品也會像真的鬆餅一樣。

Pick up! （→請參照p.75）

5 在側邊用竹籤刻劃出一條條皺褶。

6 把可可粉少量地分次摻入薑黃粉中，用少量的純水（份量外）溶解。用海綿沾上色素材，輕輕拍打使整體均勻上色。

7 整體上色後，在邊緣處重複上色2～3次，使顏色變深，呈現出焦黃色的感覺。

8 側邊部分要仔細上色，別讓皺褶消失了。

9 把步驟8的鬆餅一一疊起來。

POINT 疊放位置要稍微錯開，才能呈現出糖漿垂滴的感覺。

10 1中留下要作為奶油的黏土皂，用麵糰切刀切出稍微歪斜的四角塊狀，放在**9**的上面。

11 將整座鬆餅塔移到烘培紙上面，將用水溶解的薑黃粉與MP皂混合，再從**10**的奶油塊上面往下澆淋。

Pick up!

鬆餅 側邊的皺褶

～認識壓印

用竹籤壓印（scratch）皂糰，
做出皺褶感。
透過調整壓印線條的粗細，
可以製作出逼真的鬆餅喔。
先壓印粗且深的皺褶，
之後再補上細淺或者短的皺褶。

A 接近鬆餅表面處，用竹籤側邊壓印出一圈痕跡，秘訣是壓深一點且確實壓好。

B 使用竹籤側邊，在鬆餅側面也壓印一些皺褶。

C 使用竹籤尖端刻劃出細緻的皺褶。

C 用手掌內側輕壓步驟**A**一圈痕跡的上面部分，把稍微浮出的表面往下壓穩，修整形狀。

13 TRUFFLE CHOCOLATE (→p.22～23)

a

b

松露巧克力

介紹兩種作法：一種是用黏土皂捏製成型，一種是MP皂入模凝固成型。

材料（a：份量5個／b：份量10個）

黏土皂……200g
- 米糠油……120g
- 椰子油……50g
- 棕櫚油……30g
- 氫氧化鈉……26g
- 純水……70g

可可粉……10g
黑可可粉……2g
糖漬橙皮形狀的肥皂……10根
（→材料、作法請參照p.88）

所需道具

竹籤

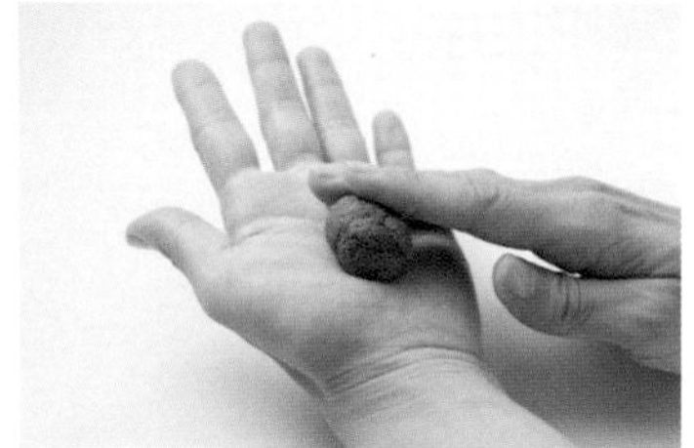

a1 將可可粉、黑可可粉與黏土皂混合揉捏。其中的100g分別按20g平均分成5塊並搓揉成球狀。

a2 用竹籤淺淺地刺入，就像寫日文的「の」字，不斷地在表面轉動刮劃。

a3 整顆都用竹籤刮劃過。

a4 輕輕按壓a3突出來的部分，修整成圓球狀。

b1 將a1剩下的黏土皂100g，分別按10g均分為小塊，搓揉成長方形薄片，放在糖漬橙皮的下面。

b2 用黏土皂將糖漬橙皮包裹起來，輕按銜接處至表面平滑。

b3 放在手掌心滾動搓揉，使其緊密貼合。

b4 糖漬橙皮與巧克力的接合處看起來要比較貼，用手指稍微揉開。

b5 把形狀折彎一點點，會更加逼真喔。

材料（c、d、e：份量各3～4個）

CP皂……200g
- 米糠油……120g
- 椰子油……50g
- 棕櫚油……30g
- 氫氧化鈉……26g
- 純水……70g

可可粉……1g
黑可可粉……1g
即溶咖啡粉……1g

黏土皂……100g
- 米糠油……60g
- 椰子油……25g
- 棕櫚油……15g
- 氫氧化鈉……13g
- 純水……35g

黑可可粉……少許
群青（藍）……少許
氧化鐵（紅）……少許

所需道具

模具
擠花袋
細圓形花嘴
竹籤

c

d
e

將CP皂分成3等分，分別摻入可可粉、黑可可粉、咖啡粉來上色，將皂液各自倒入模具，等待凝固。至用手碰觸也不會破壞形狀的硬度時，就可以脫模取出。

c 把黏土皂40g製成鮮奶油狀（參照p.39），再用細圓形花嘴斜向擠出線條作為裝飾。

d 把黏土皂40g製成鮮奶油狀（參照p.39），摻入可可粉來上色，再用細圓形花嘴擠出小小的○連結成一串，作為裝飾。

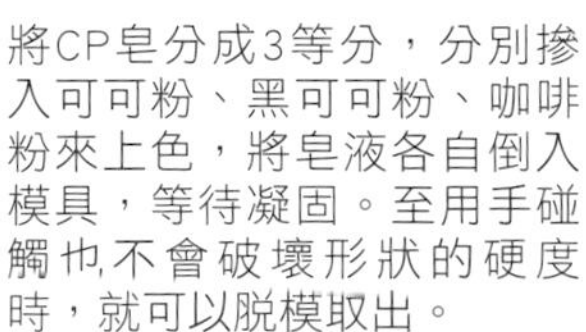
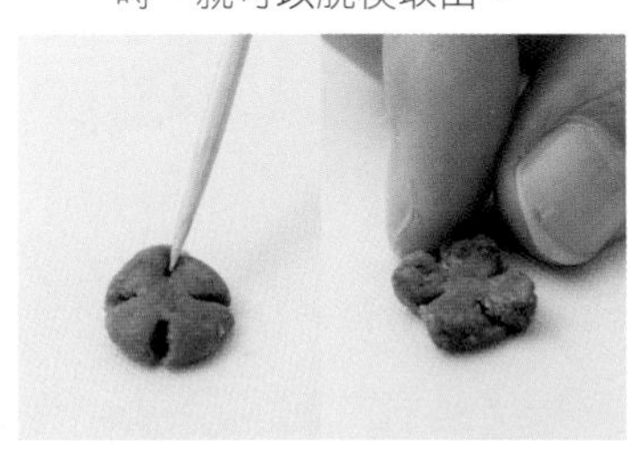

*e***1** 將黏土皂10g摻入群青（藍）、氧化鐵（紅）、黑可可粉混合上色後，揉捏成圓粒狀。用手輕輕壓平，接著用竹籤刻劃，做成紫花地丁的模樣。

*e***2** 用竹籤的粗端按壓中央處，中央凹陷，花瓣會顯得比較立體。

*e***3** 先用竹籤在巧克力的裝飾位置上刻劃，再放上步驟*e***1**～*e***2**製作的紫花地丁，可防止滑落。

多餘的CP皂可以用來做巧克力塊喔！

1 多餘的CP皂。如果是剩下還沒上色的CP皂，可以依照自己喜好，用可可粉或黑可可粉來上色。

2 將皂液倒入模具裡，等候凝固。皂液入模後，讓模具從距離桌子數公分的高度往下掉，把裡面的空氣擠出來，形狀會比較漂亮。

14 ICE CANDY (→p.24)

冰棒

把MP皂調製的巧克力醬，淋在個人喜愛的香皂上吧。

材料（份量2支）
喜愛的香皂（＊）
　……2個（藍色系、粉紅色系）
MP皂……50g
可可粉……4g
玉米粉……10g

所需道具
麵糰切刀
冰棒棍

＊這裡請使用以下的皂基
〈藍色〉
含群青（藍）的CP皂
〈粉紅色〉
含粉紅石泥粉、粉紅高嶺土的CP皂

1 將喜愛的香皂切成5×7×2cm的長方體。

2 用麵糰切刀把上面的角切掉。

3 用指尖揉壓角被切掉的部分，形成圓滑的弧度。

4 插入冰棒棍。
POINT 因為容易斷掉，所以用手壓住兩面慢慢地插入。如果出現裂痕，再用指尖搓揉修復。

5 將MP皂大約分為兩半，各自放入容器裡加熱溶解，分別放入可可粉和玉米粉來上色，作為巧克力醬。

6 手拿冰棒棍，讓冰棒的上面沾附步驟**5**的MP皂。

7 為了要讓步驟**5**的MP皂呈現出垂滴的感覺，將冰棒稍微傾斜，用湯匙舀取MP皂淋上，等待大約30秒就會凝固。

POINT 如果MP皂失敗了，是可以剝掉的。想要剝得乾淨，必須等到完全凝固後再剝。

15 JELLY MOUSSE (→p.25)

果凍慕斯

在CP皂製成的慕斯上面，放上MP皂果凍。
關鍵在於水果要看起來晶瑩剔透。

材料（直徑4.5cm／份量3個）

CP皂……300g
- 米糠油……180g
- 椰子油……75g
- 棕櫚油……45g
- 氫氧化鈉……39g
- 純水……100g

MP皂……80g
氧化鐵（紅）……少許
氫氧化鉻（綠）……少許
薑黃粉……少許
奇異果（切片）形狀的肥皂……1片
（→材料、作法請參照p.87）
芒果（切片）形狀的肥皂……3～4片
（→材料、作法請參照p.89）

所需道具

長方形蛋糕模
（6×15×7～8cm左右）
半圓形蛋糕模（小）
直徑4.5cm的無底圓形蛋糕模
塔模（或者是耐鹼的淺盤等）
布巾
齒型刮板

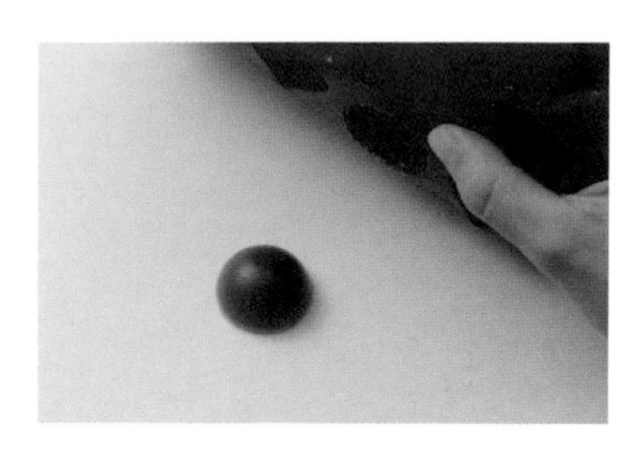

1 製作櫻桃形狀的肥皂，將MP皂5g加熱溶解，摻入氧化鐵（紅）上色，倒入半圓形蛋糕模，凝固後取出。

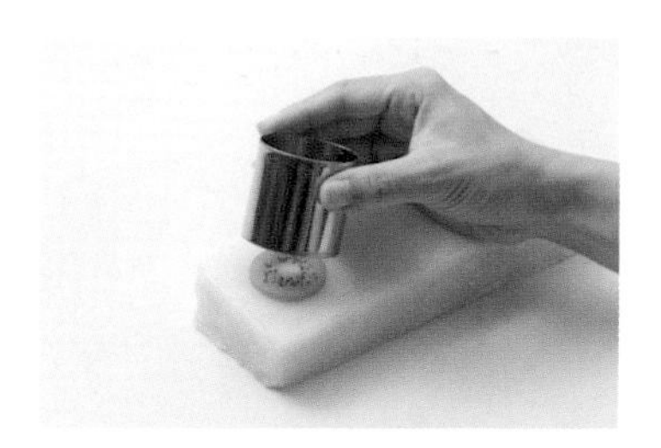

2 將長方形蛋糕模的CP皂放置數個禮拜等待熟成（5cm左右的高度）後，脫模取出。從皂塊取出3個慕斯基座。放入奇異果形狀的肥皂確定位置。

3 把無底圓形蛋糕模壓入CP皂裡，大約留2.5cm的突出部分，就停止壓入。

4 將奇異果形狀的香皂貼到**3**，MP皂25g加熱溶解，摻入氫氧化鉻（綠）混合成淺綠色，倒入步驟**3**的無底圓形蛋糕模內，約放置10分鐘左右，等候凝固。

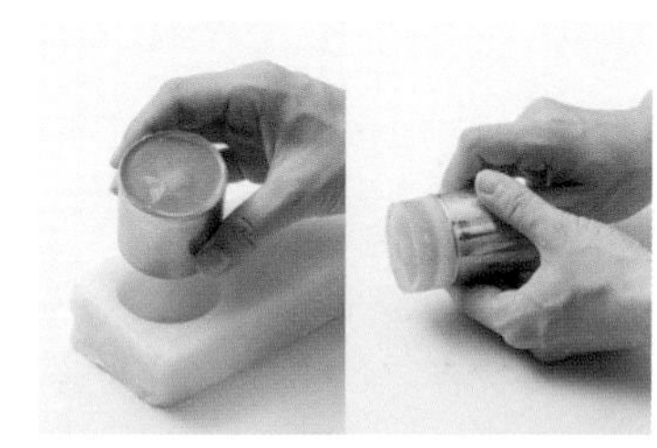

5 MP皂凝固之後，將無底圓形蛋糕模繼續往下壓入，再將整個CP皂取出。接著，由底部慢慢推出，使其脫模。

6 芒果形狀的香皂與**1**製作的櫻桃形狀的肥皂，同樣以步驟**2**～**5**製作。用薑黃粉、氧化鐵（紅）分別將MP皂稍微著成淡色即可。

7 將塔模用火加熱，注意不要燙傷。加熱完畢後用布巾墊著，把MP皂的部分放在塔模上滑動，表面會受熱溶解。

POINT 表面的皺褶或霧面溶解後，會變得平滑，能夠提升表面的透明度，有光澤感。裡面的水果也看得比較清楚。

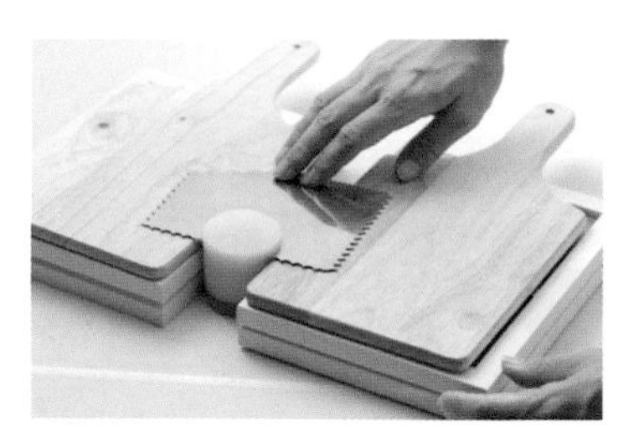

8 把慕斯部分切平，讓高度一致，即可完成造型，等候乾燥。

POINT 兩側用同樣高度的東西夾住，在用齒型刮板切平，高度會比較一致。

16 CHOCOLATE CAKE (→p.26)

巧克力格子蛋糕

切開的斷面呈現格子狀，
就是被稱為「San Sebastian Cake」的巧克力格子蛋糕。

材料（直徑10.5cm／份量1個）

CP皂……500g
- 米糠油……300g
- 椰子油……125g
- 棕櫚油……75g
- 氫氧化鈉……66g
- 純水……175g

黏土皂……200g
- 米糠油……120g
- 椰子油……50g
- 棕櫚油……30g
- 氫氧化鈉……26g
- 純水……70g

可可粉……45g
黑櫻桃形狀的肥皂……6個
（→材料、作法請參照p.88）

所需道具

4號蛋糕模
無底圓形蛋糕模3種規格
（這裡使用直徑8.7、5.7、3cm）
麵糰切刀、木條
竹籤、水彩筆
缽盆、打蛋器
橡膠刮刀
抹刀
擠花袋、星形花嘴

1 將一半的CP皂摻入可可粉30g來上色，各自倒入蛋糕模內放置數個禮拜等候熟成。凝固後脫模取出。

2 將蛋糕橫切切半。
POINT 使用木條輔助的話，比較容易平行橫切。

3 兩個顏色分別切成2片圓餅狀。

Pick up! （→請參照p.83）

4 用不同規格圓形蛋糕模將步驟**3**壓模重組後，將4片整齊疊放。

5 把黏土皂200g放入缽盆裡，用橡膠刮刀混合攪拌至充滿空氣，打成鮮奶油的狀態。摻入可可粉15g來上色。

6 將步驟**5**的鮮奶油100g放在**4**的上面，一邊用抹刀刮平表面，一邊將鮮奶油塗抹在側邊。

7 把蛋糕側邊的奶油也塗抹平整。

8 將步驟**5**剩餘的鮮奶油50g裝入擠花袋內，再用星形花嘴在**7**的表面擠出6朵奶油花。

9 放上黑櫻桃形狀的香皂，即可完成造型，等候乾燥。

Pick up!

交換皂塊，來點不一樣的吧！
～認識交換

「交換」（exchange）
是指交換皂塊後重組。
使用兩種不同顏色的皂塊，
製作格子狀的圖案。

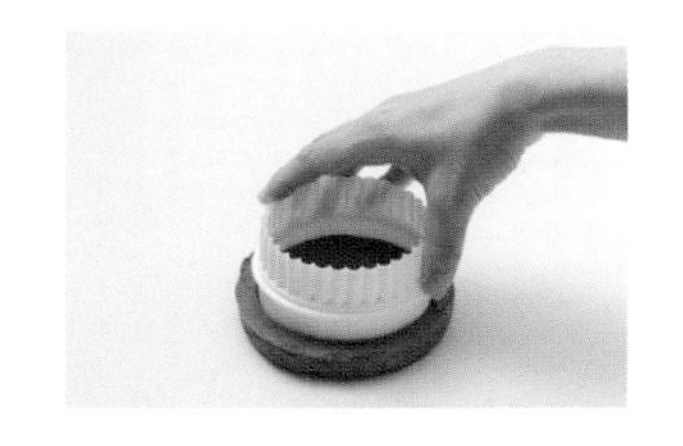

A 把1片皂塊用3種不同規格的無底圓形蛋糕模來壓模。

B 1片皂塊可壓出4種形狀。

C 交換嵌入不同顏色的皂塊，進行重組。

D 全部都重組完後，如上圖所示。

E 把步驟D的重組皂塊一一疊上，為了要讓它不易滑動，先用竹籤在接觸面刻劃淺的線條。

F 甚至將純水（份量外）塗抹在接觸面上，再疊放上去。放上一片，就先由上往下壓一下，使其貼合。

Arrange

交換皂塊，
也可以做出這樣的餅乾喔！

冰盒餅乾（icebox cookie）
準備兩種分別用可可粉與米糠來上色的皂糰，用餅乾模壓模之後，交換嵌入。

17 DECORATION CAKE (→p.27)

造型蛋糕

切開的斷面呈現格子狀，
就是被稱為「San Sebastian Cake」的巧克力格子蛋糕。

材料（直徑15.3×15cm／份量1個）

CP皂……1000g
- 米糠油……600g
- 椰子油……250g
- 棕櫚油……150g
- 氫氧化鈉……132g
- 純水……350g

黏土皂……300g
- 米糠油……180g
- 椰子油……75g
- 棕櫚油……45g
- 氫氧化鈉……39g
- 純水……100g

粉紅石泥粉……2g
可可粉……少許
群青（藍）……少許
薑黃粉……少許
銀色糖珠……5顆

所需道具

5號蛋糕模
麵糰切刀
木條
抹刀
擠花袋、星形花嘴
擀麵棍
吸管
竹籤、水彩筆
彎頭尖嘴鑷
洗碗綿、花型壓模

事先把黏土皂300g分裝備用
150g
　→製作成鮮奶油的狀態
　（參照p.39）
50g＋粉紅石泥粉1g →緞帶
20g＋可可粉
　→緞帶上的可愛點點、
　　中央的花朵（粉紅色）
10g＋群青（藍）
　→花朵（水藍色）5朵
15g＋粉紅石泥粉
　→花朵（粉紅色）10～13朵
15g →花朵（白色）10～13朵
10g＋薑黃粉
　→中央的花朵（白色）
30g＋粉紅石泥粉＋群青（藍）
　→3朵玫瑰（參照p.59）

Pick up! （→請參照p.85）

1 將CP皂的皂液倒入蛋糕模進行成型和熟成（參照p.40）。使用鮮奶油狀的黏土皂150g來做裝飾（參照p.82的步驟**5**～**7**），剩餘的就裝入擠花袋內。

2 將黏土皂分別摻入粉紅石泥粉、可可粉來上色，製作可愛的點點緞帶，再放到蛋糕上。

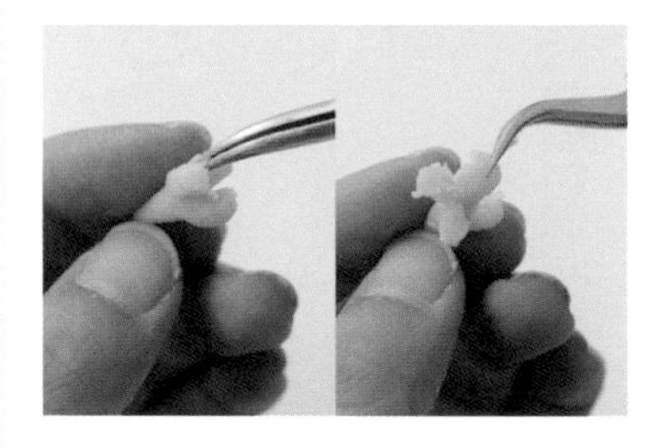

3 使用混合群青（藍）的黏土皂製成5個小水滴狀，用彎頭尖嘴鑷將圓珠的那端掰開做成十字狀，中間可以搭配銀色糖珠。

4 黏土皂的原色（白）以及摻入粉紅石泥粉著色的皂糰，分別用成薄片狀，再用花型壓模。

5 放在洗碗棉上，用類似粉筆的圓棒輕壓，呈現立體感。將分別摻入可可粉、薑黃粉的黏土皂捏成小顆圓粒放中央。另外，用混合粉紅石泥粉與群青（藍）的黏土皂製作3朵玫瑰花（參照p.59）。

6 將步驟**1**剩餘的鮮奶油在緞帶上方先擠個小山丘狀，作為捧花的台座。放上各種花朵之後，再用星形花嘴在邊緣處擠一圈奶油花，即可完成造型，等候乾燥。

Pick up!

製作緞帶&裝飾可愛點點吧！
～鑲嵌&造型

「鑲嵌」（inlay）
是指在基礎皂塊上嵌入不同顏色的皂塊來變化圖案，並將之融為一體。
「造型」（modeling）
是以某個東西為模型，
做出相似的形體。
這裡介紹如何做出
有可愛點點的緞帶。

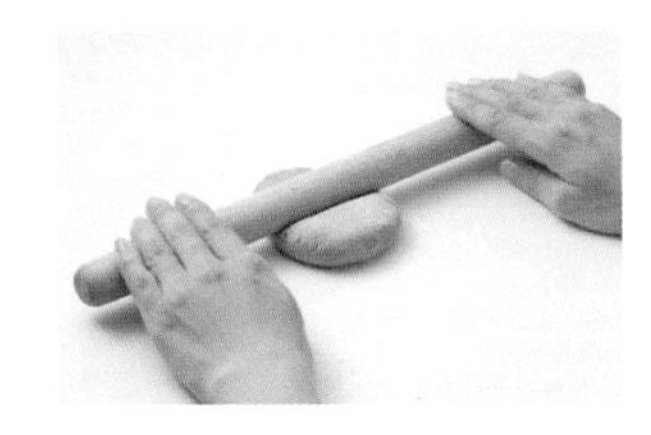

1A 將作為基礎的粉紅色皂塊平至厚度約5mm左右。

1B 用吸管壓入巧克力色皂塊上，取出圓粒作為可愛點點。

1C 在基礎皂塊上，先標示可愛點點的放置位置，用純水（份量外）沾濕後再放上圓粒。

1D 用指尖按壓圓粒，輕輕嵌入基礎皂塊上。

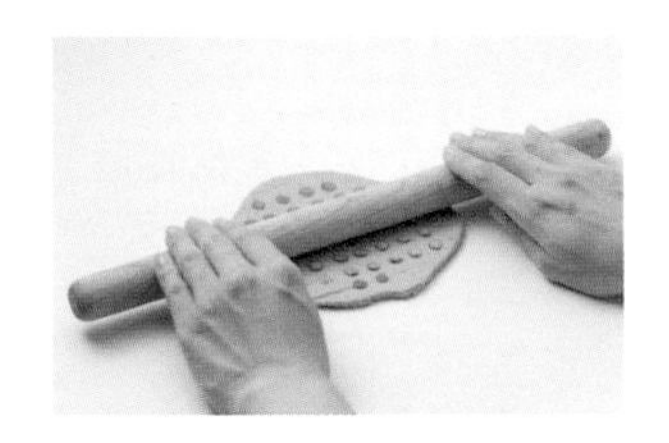

1E 用擀麵棍將步驟**1D**擀平。

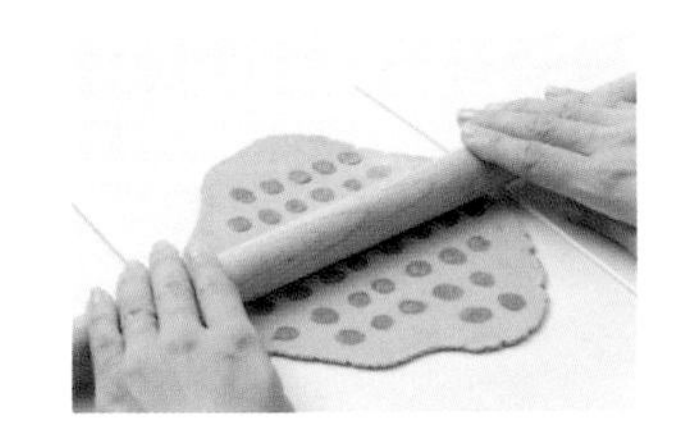

1F 擀得比較薄之後，兩側擺放木條後再擀平，讓厚度平均。

POINT 為了讓可愛點點呈現出圓形，建議縱向和橫向都要擀過。

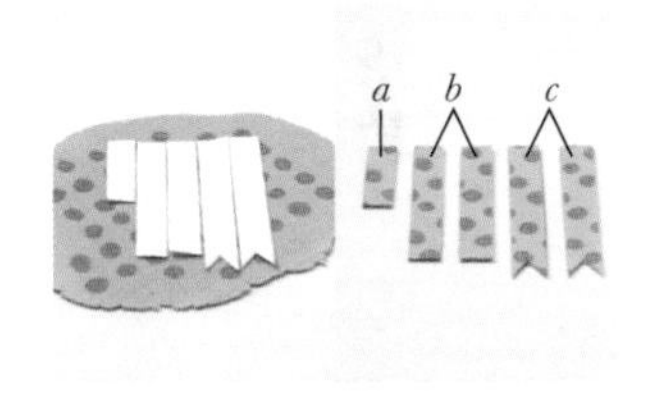

1G 當可愛點點與基礎皂塊融為一體之後，切出製作緞帶用的各個部位。

2A 用緞帶*c*把竹籤包起來的感覺，做出折痕。

2B 將緞帶*b*套在麵糰切刀的手把上，做出圓弧狀。為了保持圓弧狀，在裡面墊一些固定用的東西。

2C 將**2B**的一側往內摺。

2D 試著將**2C**和**2A**排列看看，並將**2A**的長條狀也稍微折彎，為了保持形狀，要用東西墊著。

2E 讓緞帶沾附些許的黏土皂，再貼到蛋糕上。把緞帶*a*放在*b*和*c*的銜接處上蓋住，包覆中央。

水果造型皂的作法

這裡整理了蛋糕、塔、果凍等甜點用水果裝飾配料的製作方式。

STRAWBERRY
草莓

材料（份量4顆）
黏土皂……80g
MP油……50g
氧化鐵（紅）……少許

所需道具
竹籤
牙籤

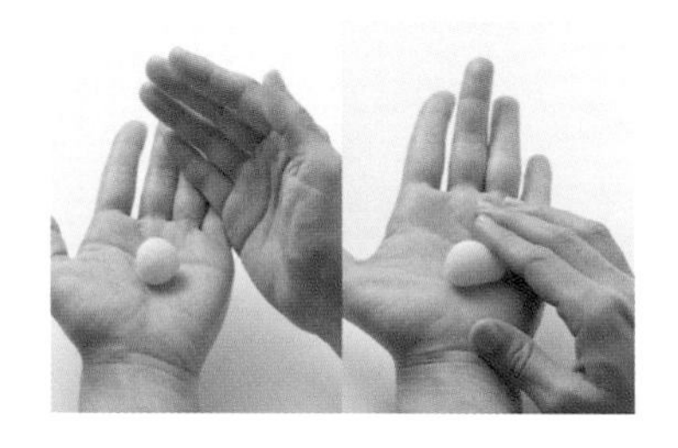

1 取適量的黏土皂搓圓（約20g／1粒），前端稍微捏細，修整成草莓形狀。

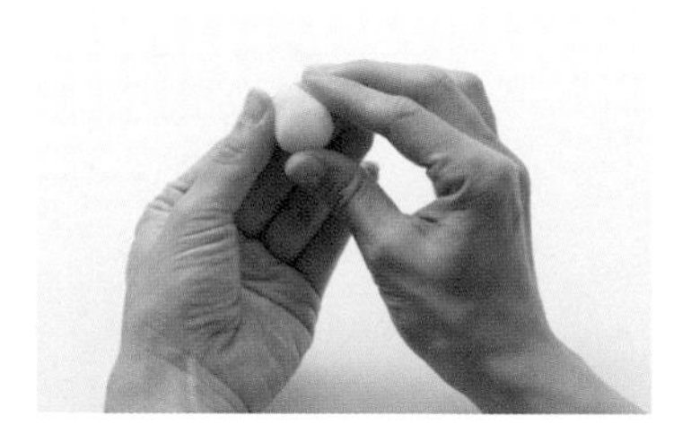

2 為了呈現草莓蒂頭的部分，先壓平。

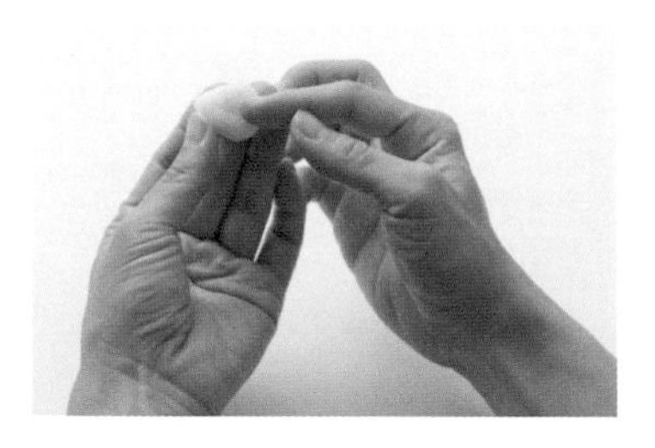

3 步驟**3**壓平的部分，用指尖壓凹，會更像草莓的形狀。

4 MP皂加熱溶解，摻入氧化鐵（紅）混合。用竹籤插入步驟**3**，在MP皂液裡面來回轉動上色。

POINT 不要全部都上色，在蒂頭周圍要留白。

5 整體上色之後，先拿起來稍候一下，等表面乾燥一點，再沾一次。

POINT 從蒂頭部分到尖端，顏色呈現出層次感，就更像真的草莓。

6 重複步驟**4**～**5**幾次，顏色層層重疊，就變得更濃了，注意草莓越往上，顏色就越不要太濃。覺得顏色可以了，就停止。

7 表面乾燥後，用牙籤尖端斜插，一一壓出黑點（種籽）的感覺。

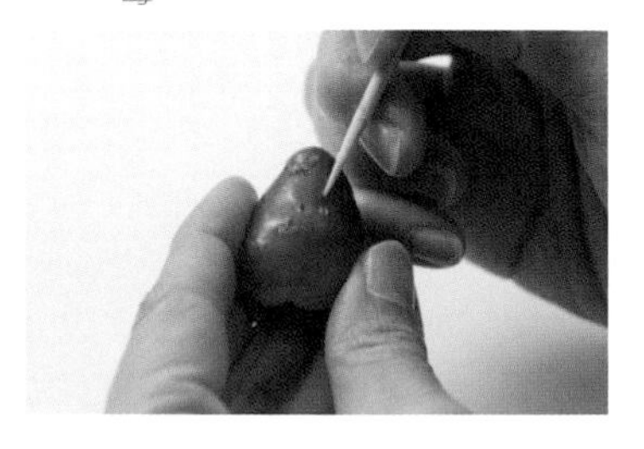

NG 注意MP皂一旦完全凝固後，就無法壓出像草莓黑點的小孔，還有，牙籤不要立著插入，會壓出凹洞。

製作水果表面～浸染

要呈現出水果表面的色澤，可以用MP皂做出效果，使用「浸染」（dipping）的上色方法。為了呈現透明感，在顏色較淺的MP皂液裡面，可分數次浸染上色（→草莓、蔓越莓、醋栗）。顏色較濃的水果，在混合調色好的MP皂液裡面，緩緩地來回轉動上色（→葡萄、藍莓、黑櫻桃）。

KIWI

奇異果

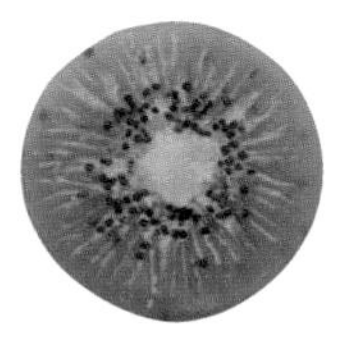

材料（切片2～3片）

MP皂……30g
氫氧化鉻（綠）……少許
可可粉……少許
藍罌粟籽……少許
黏土皂……少許

所需道具

無底圓形蛋糕模
竹籤
吸管

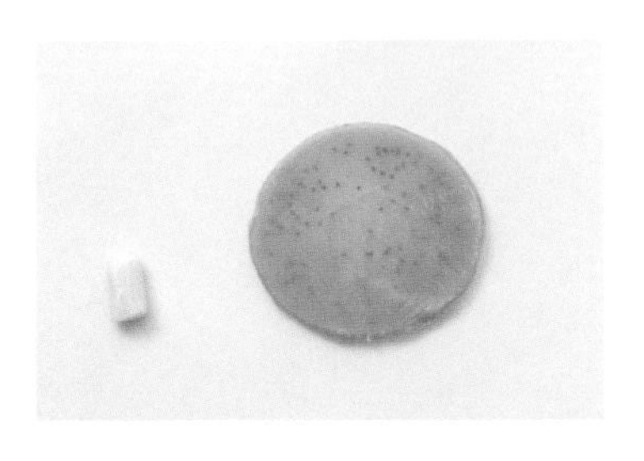

1 MP皂加熱溶解後，摻入氫氧化鉻（綠）、可可粉、藍罌粟籽混合，倒入模具等候凝固，製成厚度約5mm的皂塊。準備少許的黏土皂。

2 用無底圓形蛋糕模壓模，取出要使用的份量。

3 用吸管壓入**2**的中心，出現圓形凹洞。

4 在8等分的位置上，用竹籤從中心往外劃出8條略粗的線條。

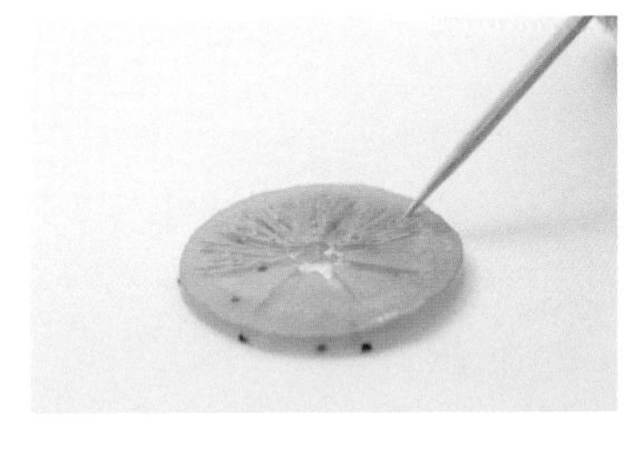

5 用竹籤的尖端，在步驟**4**的線條之間，再劃上較細的線條。

6 用黏土皂蓋住中心的凹洞。

7 用指尖輕按黏土皂，把剛用竹籤劃出的粗細線條填補壓勻。

8 就像在中央畫個圈，放上藍罌粟籽。

9 用指尖輕壓藍罌粟籽，使其嵌入其中。

DARK CHERRY

黑櫻桃

材料（份量6顆）
黏土皂……30g
可可粉……少許
MP皂……30g
氧化鐵（紅）……少許
黑可可粉……少許
小樹枝……6根

所需道具
竹籤

1 黏土皂摻入可可粉混合揉捏，比起球狀，捏製成較接近立方體的櫻桃形狀（約5g／1粒）。用指尖在頂部壓個凹洞，呈現出蒂頭的部分。

2 MP皂加熱溶解，摻入氧化鐵（紅）、黑可可粉混合，用竹籤插入**1**的立方體狀，在MP皂液裡面來回轉動，均勻上色。

3 整體上色之後，先拿起來稍候一下，等表面乾燥一點，再沾一次。重複幾次之後，顏色層層重疊，就變得更濃了。覺得顏色可以了，就停止。

4 待表面乾燥以後，按壓蒂頭部分，修飾形狀。

5 把小樹枝插入凹洞處。

ORANGE PEEL

糖漬橙皮

材料（份量10顆）
MP皂……30g
薑黃粉……少許
氧化鐵（紅）……少許

所需道具
小的淺盤或器皿
麵糰切刀

1 MP皂加熱溶解後，摻入薑黃粉和氧化鐵（紅）混合，倒入模具等候凝固（10分鐘左右），製成厚度約5～8mm左右的皂塊。凝固後脫模取出，用麵糰切刀切出寬度約5～10mm的細長條狀。

POINT 其中一端可以切細一些，形狀感覺比較自然。

2 用布巾包裹切好的MP皂，再用手扭動一下，形成較自然的糖漬橙皮的形狀。

POINT 若皂塊偏硬，可用手的溫度去溫熱它，會比較容易扭動。

MANGO
芒果

材料（容易製作的份量／切片10～13片左右）

CP皂……100g
- 米糠油……60g
- 椰子油……20g
- 紅棕櫚油……20g
- 氫氧化鈉……13g
- 純水……35g

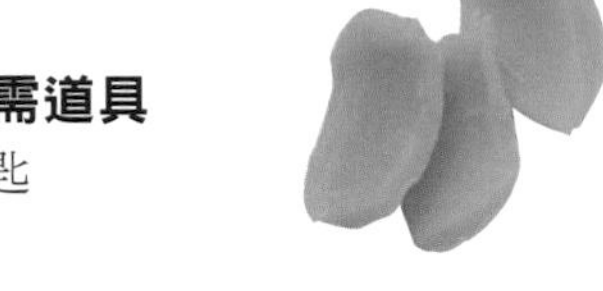

所需道具

湯匙

1 使用全部的材料，製作立方體的CP皂（參照p.40），放置幾個禮拜等候熟成。凝固後，脱模取出，讓它乾燥。當皂塊還剩下一些柔軟度時，用湯匙挖取一片下來。

POINT 感覺就像挖取真正的芒果肉。

2 讓黏附在湯匙上的CP皂滑動，再順勢取出。

POINT 用手直接撥開的話，表面就不會滑順，要注意。

APPLE
蘋果

材料（p.68一個蘋果塔的所需份量）

黏土皂……100g
氧化鐵（紅）……少許
薑黃粉……少許

所需道具

海綿

1 將黏土皂搓圓，製作蘋果的形狀。

POINT 稍微呈縱長型，下方窄一些。

2 用少量的水溶解氧化鐵（紅），再用海綿沾取，將整顆蘋果進行上色。

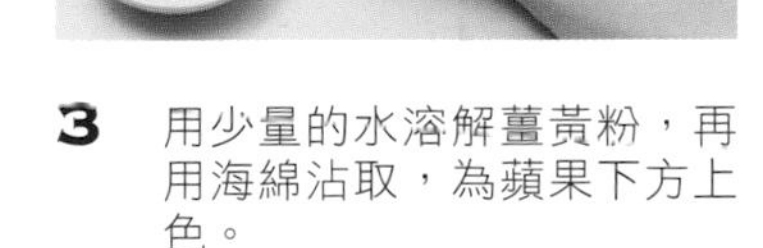

3 用少量的水溶解薑黃粉，再用海綿沾取，為蘋果下方上色。

POINT 若將顏色重疊，會呈現出更自然的蘋果色澤。

PEAR
洋梨

材料（切片5～6片左右）

黏土皂……15g

所需道具

無底圓形蛋糕模
麵糰切刀

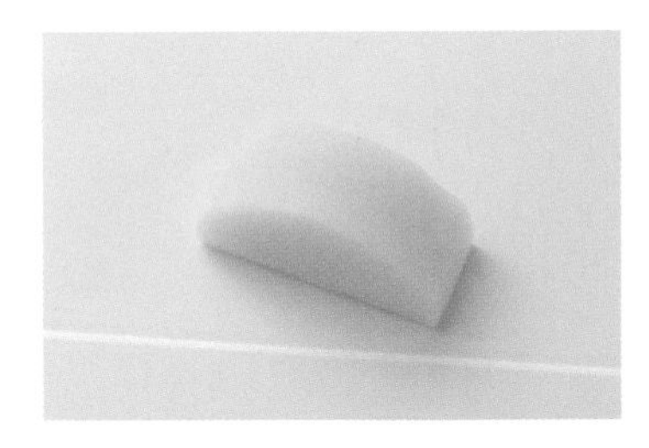

1 黏土皂的硬度為硬皂（參照p.39），用無底圓形蛋糕模壓模，取出皂塊後切半。

2 用麵糰切刀切成片狀，厚度約2mm左右，裁切圓角，修整呈洋梨的形狀。

CURRANTS

醋栗

材料（份量20～22顆前後）

黏土皂……10g

MP皂……30g

薑黃粉……少許

氧化鐵（紅）……少許

氫氧化鉻（綠）……少許

可可粉……少許

所需道具

竹籤

麵糰切刀

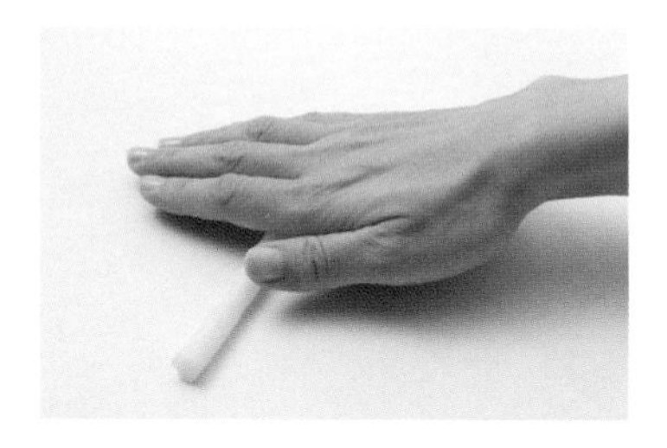

1 用手掌心來回搓揉黏土皂，形成細長條狀。

2 用麵糰切刀細切，用手搓圓（約0.5g／1粒）。

3 MP皂加熱溶解後，摻入薑黃粉、氧化鐵（紅）、氫氧化鉻（綠）混合。用竹籤插入步驟**2**的圓粒狀，在MP皂液裡面來回轉動，均勻上色。

4 整體上色之後，先拿起來稍候一下，等表面乾燥一點，再沾一次。重複幾次之後，顏色層層重疊，就變得更濃了。覺得顏色可以了，就停止。

5 待**4**的表面乾燥後，用竹籤尖端沾上可可粉插入，壓出小洞。

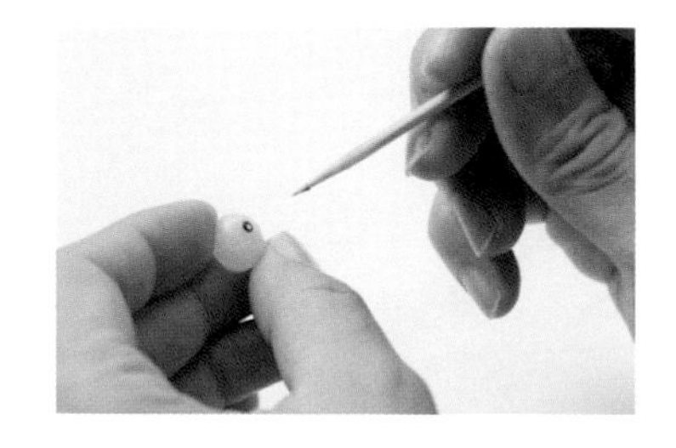

6 將可可粉沾附在小洞周圍，會更像真的白醋栗喔。

CRANBERRY

蔓越莓

材料（份量小顆10顆）

黏土皂……10g

MP皂……30g

粉紅石泥粉……少許

氧化鐵（紅）……少許

所需道具

竹籤

1 將黏土皂切成小塊搓圓，形成蔓越莓的形狀（約1g／1粒）。MP皂加熱溶解後，摻入粉紅石泥粉、氧化鐵（紅）混合，用竹籤插入，在MP皂液裡面來回轉動，均勻上色。

2 整體上色之後，先拿起來稍候一下，等表面乾燥一點，再沾一次。重複幾次之後，顏色層層重疊，就變得更濃了。覺得顏色可以了，就停止。

GRAPE
葡萄

材料（份量5粒）
黏土皂……25g
MP皂……30g
群青（藍）……少許
黑可可粉……少許
氧化鐵（紅）……少許

所需道具
竹籤

1 MP皂加熱溶解後，摻入群青（藍）、黑可可粉、氧化鐵（紅）混合，將黏土皂搓揉成葡萄的大小（約5g／1粒）的圓粒狀，用竹籤插入，在MP皂液裡面來回轉動，均勻上色。

2 整體上色之後，先拿起來稍候一下，等表面乾燥一點，再沾一次。

3 最後拿起來時，稍微舉起竹籤，一邊來回轉動，讓多餘的皂液集中滴落到竹籤插口處。

BLUEBERRY
藍莓

材料（份量小顆10粒）
黏土皂……15g
MP皂……30g
群青（藍）……少許
氧化鐵（紅）……少許
黑可可粉……少許

所需道具
竹籤

1 將黏土皂切成小塊搓成圓粒狀（約1g／1粒），用竹籤粗的那端插入，壓個小洞。

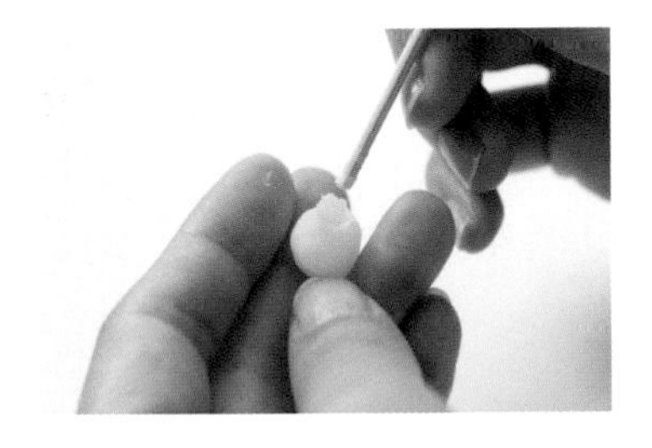

2 要拉出竹籤時，摩擦邊緣處，把皂屑稍微立起來，這樣就更接近藍莓的形狀了。

1 MP皂加熱溶解後，摻入群青（藍）、氧化鐵（紅）、黑可可粉混合，接著用竹籤插入步驟**2**的圓粒，在MP皂液裡面來回轉動，均勻上色。

2 整體上色之後，先拿起來稍候一下，等表面乾燥一點，再沾一次。

3 重複幾次之後，顏色層層重疊，就變得更濃了。覺得顏色可以了，就停止。

為市售香皂做個造型吧！

製作甜點造型手工皂，如果有多餘的黏土皂，
或是想要幫手邊的市售香皂來個可愛造型，
──這個時候，市售香皂×黏土皂的自由搭
配，可以讓你享受造型裝飾的樂趣！

HONEY TOAST SOAP

蜜糖吐司手工皂

對於市售香皂的形狀出現靈感時，
用黏土皂或MP皂來做裝飾，
也可以製作出甜點造型的模樣喔！

〈使用這一款香皂〉

1 將可可粉和薑黃粉用純水溶解後，用海綿為表面上色。角的部分多塗抹一次，呈現出焦黃色的感覺就更逼真了。

2 用冰淇淋挖勺挖出一球黏土皂，放在香皂上面。

3 把黏土皂製成鮮奶油狀（參照P.39），再利用裝著星形花嘴的擠花袋，擠出奶油花。上面撒些巧克力米裝飾。

4 MP皂加熱溶解，摻入薑黃粉混合，從上面澆淋而下，呈現出蜂蜜的感覺。

FLOWER DECORATION SOAP

奶油花裝飾手工皂

用2種花嘴擠出奶油花和葉片相襯的華麗造型，
如同範例在小塊香皂上擠出一大朵奶油花來裝飾，
或者是在大塊香皂上擠出小花來裝飾，
造型都很可愛。

〈使用這一款香皂〉

1 把黏土皂製成鮮奶油狀（參照P.39），摻入艾草粉混合上色，再利用裝著葉齒花嘴的擠花袋，利用「擠花」（piping）技巧（參照P.65）擠出葉子形狀。

2 把黏土皂製成鮮奶油狀（參照P.39），再利用裝著星形花嘴的擠花袋，擠出奶油花。

3 黏土皂摻入薑黃粉混合著色，捏成小顆圓粒，放在奶油花的中央處，上面再用銀色糖珠點綴。

RACE DOILY SOAP

蕾絲・花邊裝飾手工皂

如果有少量的黏土皂，
就可以立即做出簡單的裝飾。
使用可以襯托出基座香皂顏色的黏土皂，動手描繪自己喜愛的圖案吧！

〈使用這一款香皂〉

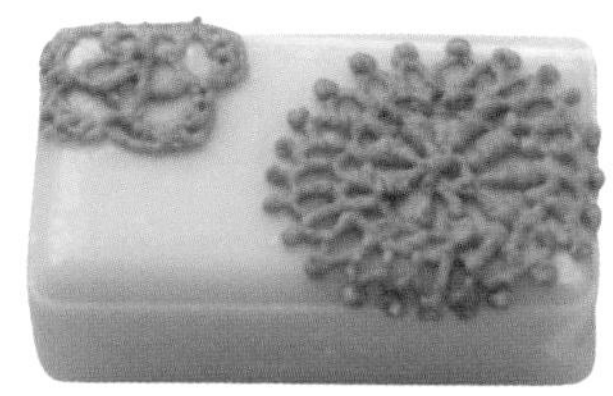

黏土皂製成鮮奶油狀（參照P.39），摻入少量咖啡粉混合上色，用竹籤描繪出圖案草稿，再利用裝著細圓形花嘴的擠花袋，描繪出蕾絲・花邊的裝飾圖案。

「甜點造型手工皂的基礎課程」 索引

為了方便檢索基礎課程裡登場的單字，這裡提供了一覽表。
＊關於成型的手法名稱，從參考作法的p.54起也列舉了各個配方的頁數。

按注音排序 PAGE.

Page.

國家圖書館出版品預行編目(CIP)資料

愛不釋手!甜點立體造型手工皂 / 小坂由貴子著；張雅婷譯.
-- 初版. -- 臺北市：笛藤出版, 2018.02
面； 公分
ISBN 978-986-381-164-0(平裝)
1.肥皂
466.4 106013919

甜點立體造型手工皂 handmade soap

2018年2月14日 初版第1刷 定價320元

監修 | 小坂由貴子
譯者 | 張雅婷
編輯 | 滕家瑤．周子瑄
封面設計 | 王舒玗
手工皂專業資訊諮詢 | Maggie 黃玉瑩
總編輯 | 賴巧凌
發行所 | 笛藤出版圖書有限公司
發行人 | 林建仲
地址 | 台北市中正區重慶南路三段1號3樓之1
電話 | (02)2358-3891
傳真 | (02)2358-3902
總經銷 | 聯合發行股份有限公司
地址 | 新北市新店區寶橋路235巷6弄6號2樓
電話 | (02)2917-8022．(02)2917-8042
製版廠 | 造極彩色印刷製版股份有限公司
地址 | 新北市中和區中山路2段340巷36號
電話 | (02)2240-0333．(02)2248-3904
訂書郵撥帳戶 | 八方出版股份有限公司
訂書郵撥帳號 | 19809050

攝影 | Asako Suzuki
Keiko Urata（p.33～43、p46～49）
Mari Harada（p44、p52、p84、p92～93）
設計 | Shoko Mikami
造型 | Yuka Oshima
編輯協力 | Satoko Monji